台风和暴雨评估技术手册

主编　张建忠

内容简介

本书主要介绍了近年来台风和暴雨灾害变化情况及主要事件；对台风和降雨影响评估进行了分析，包括国内外研究现状、应用情况，以及台风和暴雨的灾害因子和灾害链；分析了灾害评估中的地理信息系统应用；还简单对风、雨两个要素的数值预报结果进行了检验分析。本书还收录了现有的一些模型方法以及相关的应用情况，包括了国家气象中心和天津、浙江、广东、北京、吉林、广西桂林等地气象部门研制出来的评估模型和业务应用情况。

本书可供气象行业从事气象灾害风险评估的科研与业务人员参考，也可供应急管理部门和其他部门从事灾害风险评估与管理的人员参考。

图书在版编目(CIP)数据

台风和暴雨评估技术手册 / 张建忠主编. — 北京 ：气象出版社，2018.4

ISBN 978-7-5029-6746-8

Ⅰ.①台… Ⅱ.①张… Ⅲ.①台风灾害-评估-技术手册②暴雨-水灾-评估-技术手册 Ⅳ.①P425.6-62 ②P426.616-62

中国版本图书馆 CIP 数据核字(2018)第 051401 号

出版发行：气象出版社
地　　址：北京市海淀区中关村南大街 46 号　　**邮政编码**：100081
电　　话：010-68407112(总编室)　010-68408042(发行部)
网　　址：http://www.qxcbs.com　　**E-mail**：qxcbs@cma.gov.cn
责任编辑：陈　红　黄海燕　　**终　　审**：吴晓鹏
责任校对：王丽梅　　**责任技编**：赵相宁
封面设计：王　伟
印　　刷：中国电影出版社印刷厂
开　　本：787 mm×1092 mm　1/16　　**印　　张**：9.25
字　　数：231 千字
版　　次：2018 年 4 月第 1 版　　**印　　次**：2018 年 4 月第 1 次印刷
定　　价：55.00 元

《台风和暴雨评估技术手册》
编委会

主　　编： 张建忠

副 主 编： 孙　瑾　李佳英　张立生

编写成员： 包红军　陈海燕　段丽瑶　扈海波　胡海川　李春梅
李向红　连治华　刘　璐　吕终亮　王莉萍　王维国
袭祝香　杨　绚　张永恒　郑卫江　周立隆　刘　扬

序

据民政部和国家统计局数据统计，20 世纪 90 年代以来，台风和暴雨灾害造成的经济损失占国内生产总值（GDP）比例呈下降趋势，分别从 90 年代的 0.5%和 2.1%降到 2010 年以来的 0.1%和 0.4%。灾害预报预警能力提升、基础设施防灾标准提高、政府应对自然灾害的预案体系完善是防灾减灾能力提升的主要因素。

随着全球气候变暖和极端天气事件增多，台风和暴雨灾害依然是严重威胁社会财产和人身安全的主要自然灾害。例如，据国家气象中心统计，2016 年分别有 198 人和 1182 人因台风和暴雨灾害丧生，两类灾害的直接经济损失也达到了 3800 亿元。

近年来的实践表明，科学地分析、完善应对措施可以减轻灾害程度。2016 年，《中共中央国务院关于推进防灾减灾救灾体制机制改革的意见》中明确了今后防灾减灾救灾工作要从注重灾后救助向注重灾前预防转变，从应对单一灾种向综合减灾转变，从减少灾害损失向减轻灾害风险转变。如何能够减轻气象灾害风险，传统的风雨要素预报受到了挑战。因为气象灾害的发生不仅仅是由气象条件决定的，还涉及多方面的因素，如环境条件中承灾体的暴露度与脆弱性。在同样程度的风雨影响下，不同的地区出现的灾情会有明显的差异。这就涉及气象灾害风险的研究。气象灾害风险涉及气象与地理、水文、建筑等相关交叉学科的研究。从 20 世纪 30 年代开始，国外就针对灾害评估开展了研究，70—90 年代形成了较完整的理论体系。我国的灾害评估工作起步于 20 世纪 90 年代以后，气象灾害评估逐步发展并受到重视。

目前，国内部分高校、科研院所先后开展了相关灾害风险研究，风险预估、影响评估等正逐步过渡到相关领域的实时业务和工作中。气象部门影响预报业务也已开展了近十年。本书立足于影响预报业务，重点分析了目前国内外台风和暴雨影响评估的研究进展以及现有的主要方法模型，对于推进气象部门的影响预报业务和科学地开展风险管理、防灾减灾服务有着较好的参考价值。

魏丽

2017 年 9 月

前 言

2014 年 11 月，作者有幸参加了 2014 年公共安全科学技术学会年会，有一篇爱思唯尔出版社的报告使作者感受颇深。报告中提到，我国交叉学科领域的研究明显落后于欧美发达国家，甚至不及日韩等近邻。就气象灾害影响评估而言，如果想取得较好的效果，它必然涉及水文、建筑、交通、农业等多门学科以及相关数据。

如何做好气象灾害影响评估工作，每位专家和学者的思维都可能或多或少存在差异。作者认为，离不开"过去＋现在＋未来"的框架。例如，在一次台风影响时，首先应该对影响地区的过去情况进行分析，该地区已经下了多少雨，地表水分是否饱和，过去是否出现过类似影响，等等。其次，现在的基础设施水平如何，人员和财产数量如何，防御部署如何。最后，该地区未来的天气强度、分布、持续时间如何，等等。按照这个思路去进行影响评估才能够尽可能准确地得出结论。当然，每一个环节中有很多技术细节需要去处理，例如，每一个环节的时间尺度根据影响因子和影响对象的差异而进行调整。

目前，气象灾害评估方法已逐渐从定性转为定量评估，这是一个渐进的过程。从基于评估体系构建的数理统计方法逐步过渡到基于精细化气象数据分析、地理信息系统(GIS)与遥感系统(RS)的孕灾环境分析，进而引入影响机理，构建风险评估模型主要思路。加入机理的方法模型将会提高影响评估的精度，较为准确地描述和分析承灾体的受灾情形。

本书首先针对台风和降雨影响评估介绍了现有的研究和应用情况。其次对于这两者的灾害因子和灾害链进行了介绍。第三，针对现有应用，撰写了 GIS 的应用能力，尝试着对风、雨两个要素的数值预报结果进行检验分析。撰写这部分内容的出发点在于更好地应用 GIS 和数值预报。另外，本书呈现了现有的一些模型方法和相关的应用情况，包括国家气象中心和天津、浙江、广东、北京、吉林、广西桂林等地气象部门研制出来的评估模型和业务应用情况。同时，把作者的思考作为问题提出来并分享给读者，希望能够集思广益，一起推进气象影响预报的发展。

鉴于作者水平有限，对于影响预报业务仍然处于边学习、边思考、边应用的过程，因此，本书难免有不足之处，请读者予以不吝指正！

张建忠

2017 年 9 月

目　录

第1章　台风灾害评估

1.1　我国台风主要灾害特征

台风是夏秋季节严重威胁我国沿海，特别是华南和华东沿海的灾害性天气系统之一。每年平均约有7个台风登陆我国，1971年有12个台风登陆我国，为登陆个数最多的年份，1950年和1951年则各有3个台风登陆，为登陆个数最少的年份。台风登陆主要集中在7—9月，这三个月的登陆个数(5.4个)约占全年的80%，而其中又以7月为最，达1.9个。台风登陆地点排名前三的分别为广东、台湾和海南，登陆最频繁的广东平均每年有2.7个台风登陆，这与华南地区台风活跃以及广东绵长的海岸线不无关系。

台风造成的灾害可分为直接灾害和间接灾害两类。直接灾害主要是由台风的狂风引发的风灾、暴雨造成的城市积水内涝和乡村农田的洪涝灾害；间接灾害主要为台风暴雨引发的衍生地质灾害(如泥石流、山体滑坡等)，以及沿海地带风暴潮灾害，在天文高潮期风暴潮灾害更严重。严重的台风灾害多发生在盛夏至初秋，主要集中在7—9月，受灾地区主要在台湾、福建、浙江、广东、广西、海南以及香港、澳门等地，部分台风登陆沿海后北上西进，对江西、湖南、贵州、云南会造成灾害，近海北上或转向移入黄、渤海的台风还可能会给华东地区的上海、江苏、安徽、山东以及河北、辽宁、吉林和黑龙江等造成灾害。

台风造成的灾情不但与台风大风和暴雨的强度及持续时间等气象致灾因子有关，还与台风预警预报的及时性和准确性、影响区域的前期气象状况和地理状况、社会经济发展水平和城乡基础建设状况、群众防灾意识强弱、当地政府防台减灾措施适度和及时性等关系密切。

20世纪80年代以来，台风登陆造成的人员伤亡呈下降趋势，灾害损失则有所增加，但与沿海地区防灾减灾能力提高相对应，台风灾害损失占国民生产总值的比值逐渐降低。据国家气象中心统计，1987—2016年，台风灾害共导致我国大陆地区10890人死亡，其中1994、1996、2006年每年死亡人数均超过1000人，3年累计4767人，死亡人数占30年总数的44%，且主要由9417、9608、0604、0608号这4个台风造成(这4个台风的死亡人数占30年总数的28%)。就直接经济损失而言，近30年台风灾害导致我国大陆地区经济损失达11132亿元，随着社会经济发展，台风灾害损失也呈现出逐渐增加的趋势(图1.1)，其中1996、2012、2013年台风的经济损失均在1000亿元左右，台风灾害占当年气象灾害损失的22%～31%；同时，沿海地区防灾减灾能力提高，使得台风灾害损失占国民生产总值的比值随之降低(图1.2)，1997年以前占国民生产总值的比值一般为0.30%～1.30%，1998年之后一般为0.05%～0.30%，台风灾害损失占国民生产总值的比值显著减小。

近30年来，登陆我国台风的强度呈缓慢增强趋势，其中以超强台风强度登陆我国大陆地区的有3个，0608号“桑美”、1409号“威马逊”、1522号“彩虹”，而以强台风登陆致灾超过500

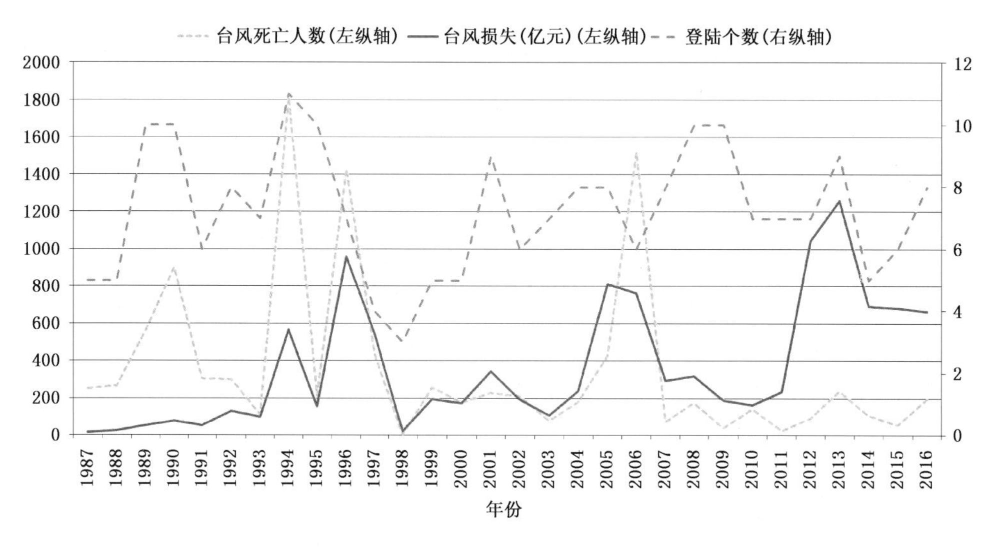

图 1.1 1987—2016 年台风灾害损失变化

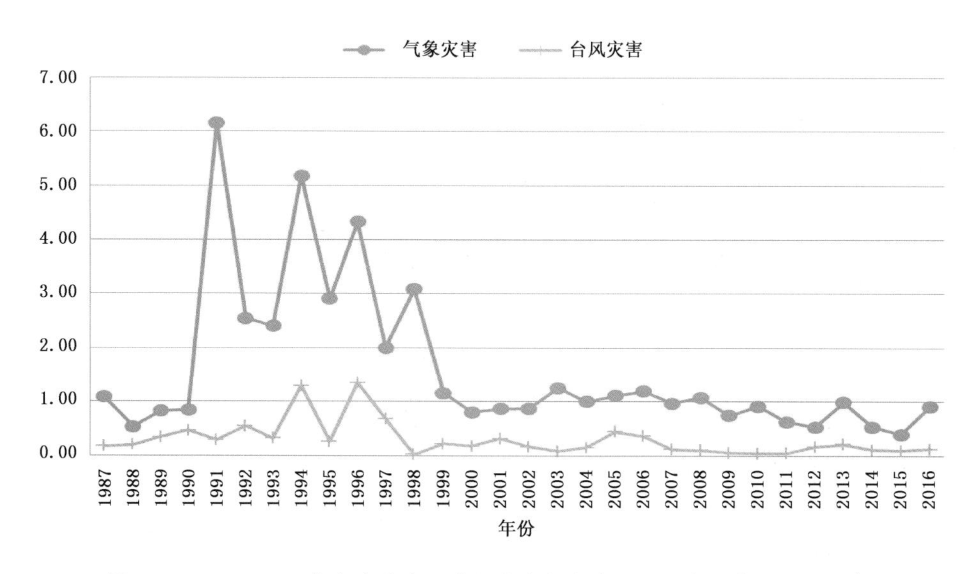

图 1.2 1987—2016 年气象灾害和台风灾害损失占国民生产总值百分比(%)

亿元的台风有 9608 号“Herb”、1323 号“菲特”。这 5 个台风占登陆台风数目的比例为 2.5%,其造成的损失却占 30 年总数的 19%。另外,根据台湾气象部门网站信息分析,0908 号台风“莫拉克”(Morakot)造成台湾地区 673 人死亡、26 人失踪,单个台风造成的死亡人数超过 1994 年以来其他所有台风的总和(661 人)。

0608 号台风“桑美”。2006 年第 8 号台风“桑美”(Saomai)以超强台风强度于 10 日 17 时 25 分在浙江苍南县马站镇沿海登陆,登陆时中心附近最大风力有 17 级(60 m/s)。登陆后,“桑美”移入福建福鼎市境内,强度迅速减弱。“桑美”强度强,移速快,灾害重,其中狂风致灾是主因。浙江苍南霞关和福建福鼎市合掌岩部队测站(海拔高度 700 m 左右)的气象仪器分别测到 68.0 m/s 和 75.8 m/s 的陆地器测最大瞬间风速值。“桑美”登陆前后,浙江东南沿海和福建东北部沿海的风力有 11～12 级，局部达 14～17 级；福鼎市 10 日 17—20 时连续 3 小时阵风风速超过 40 m/s，十分罕见，造成福建福鼎市沙埕港口沉损船只达上千艘，福建、浙江等地 496 人死亡、失踪，直接经济损失达 116 亿元。

1323 号台风“菲特”。2013 年第 23 号台风“菲特”于 10 月 7 日 01 时 15 分登陆福建福鼎市沙埕镇，登陆时中心最大风力达 14 级(42 m/s)，是自 1949 年以来在 10 月登陆我国陆地(除台湾和海南两大岛屿外)的最强台风。“菲特”具有强风暴雨极端性强、潮高浪大等特点，浙江安吉天荒坪过程累计降雨量达 1014 mm、象山黄泥桥 778 mm(图 1.3)；苍南石砰山和望洲山瞬时风速分别达 76.1 m/s 和 73.1 m/s，突破浙江省历史纪录；浙江鳌江、瑞安、温州、坎门验潮站的潮位均超过红色警戒，其中鳌江站的实测水位最高达到 5.22 m，超历史最高潮位 0.42 m。虽然“菲特”在福建登陆，但其外围风、雨、潮对浙江的影响明显重于福建，因灾直接经济损失达 631.4 亿元，死亡 11 人，其中浙江省因灾死亡 9 人，直接经济损失高达 599.4 亿元。

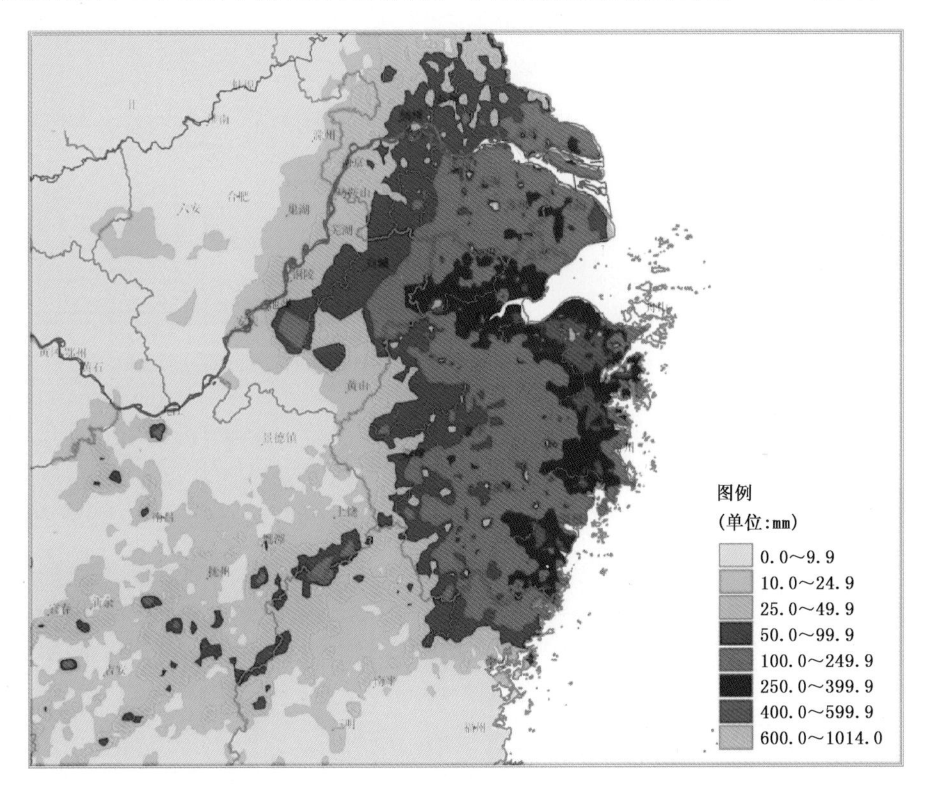

图 1.3　“菲特”降水量实况图(2013 年 10 月 5 日 20 时至 8 日 08 时)

1409 号台风“威马逊”。2014 年 7 月 18 日，“威马逊”先后在海南文昌和广东徐闻沿海登陆，登陆时中心附近最大风力均为 60 m/s(17 级)，19 日 07 时 10 分前后以强台风强度在广西防城港光坡镇沿海第三次登陆，是 1949 年以来登陆广东、广西的最强台风。“威马逊”登陆时中心气压为 910 hPa，为 1949 年以来登陆我国台风的中心气压最低值(次低值为 920 hPa，6208 号台风和 0608 号台风“桑美”；登陆我国台风的平均中心气压为 975 hPa)，“威马逊”登陆时的中心附近风力和最低气压均达到或突破了有记录以来历史极值。期间，海南岛东部海面浮标站和文昌七洲列岛最大阵风高达 74.1 m/s 和 72.4 m/s(17 级以上)(图 1.4)，海口、琼山、澄迈、昌江、白沙等地日最大降雨量在 400 mm 以上，多地小时雨强达 100～139 mm。“威马逊”造成广东、广西、海南、云南 4 省（区）1194 万人受灾，86 人死亡，直接经济损失达 443 亿元。

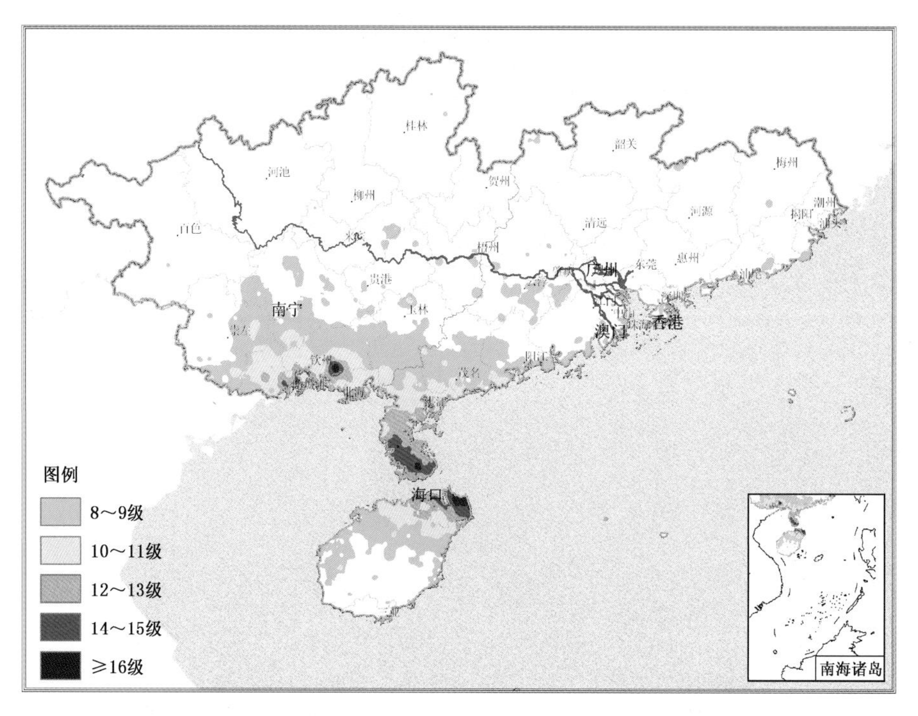

图 1.4 “威马逊”最大瞬时风力实况图（2014 年 7 月 17 日 12 时至 20 日 08 时）

1522 号台风“彩虹”。2015 年 10 月 4 日 14 时 10 分前后，“彩虹”在广东省湛江市坡头区沿海登陆，“彩虹”以强台风强度登陆，登陆时中心附近最大风速达 50 m/s，中心最低气压为 940 hPa。“彩虹”追平 1949 年以来 10 月登陆我国（含台湾）台风最强记录（2005 年台风“龙王”、2007 年台风“罗莎”、1970 年台风“琼安”均以强台风强度登陆，登陆时中心附近风速均为 50 m/s）。在台风“彩虹”外围螺旋云带中，广东佛山顺德、广州番禺等多地出现龙卷，造成上述地区 5 人死亡、217 人受伤，广州番禺区北部和海珠区出现大面积停电。“彩虹”影响期间正值国庆假日，其带来的大风暴雨（图 1.5）给广西、广东和海南旅游业造成严重影响。广东省旅游局启动旅游安全应急响应，珠江口及以西沿海地区滨海旅游、海岛旅游设施全部关闭清理；海南海口、三亚等地涉海景区关闭，琼州海峡全线停航，岛内交通和民航等也受到严重影响；广西旅游部门发布紧急防台通知，要求关闭各大景区，海、陆、空等交通也作出调整或停运。广东、广西等地 20 人因灾死亡，直接经济损失达 241 亿元。

1.1.1 台风大风灾害及其影响

台风大风导致的灾害主要表现为：海上航行或港口锚泊的各种船舶受不同程度的损坏，严重者倾覆甚至沉没；农作物大面积倒伏或抽穗扬花期严重影响作物生长，导致减产或绝收；果树、甘蔗、林木等经济作物受强风损毁而减产；海上石油勘探和平台生产设施受损；沿海渔业和海洋养殖业设施受损，导致水产业减产；海港码头装卸运输设施受损；城市建筑工程设施、高层建筑和道路旁的广告牌被摧毁；城市交通运输受阻、事故频发。

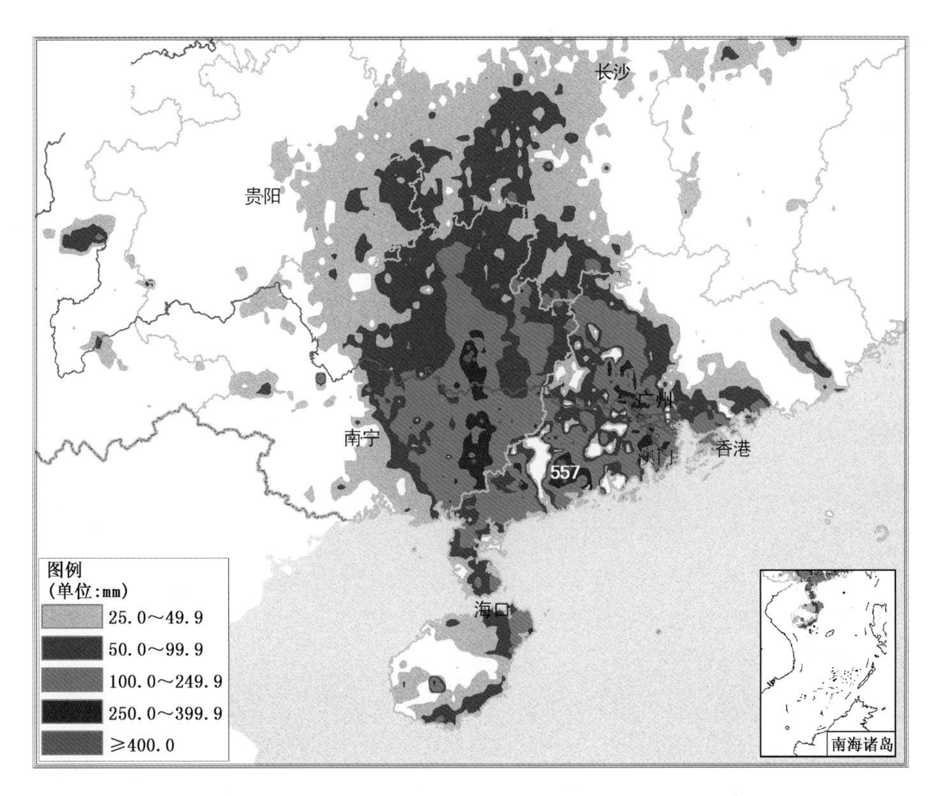

图 1.5　“彩虹”降水量实况图(2015 年 10 月 3 日 20 时至 6 日 08 时)

在绝大多数情况下，台风大风的分布是非均匀的，在整个台风环流区内同时出现强风的可能性极小，主要集中于最大风速区，在较多情况下最大风速区只有一个，通常位于台风移行方向的右侧离中心近百至 200 余千米处，即在发展最强烈的台风云墙附近地区，最大风速值所在地与台风中心的间距称为最大风速半径，其大小与台风强度密切相关。

热带气旋的近中心最大风速为 17.2～24.4 m/s 时，风力等级为 8～9 级，此时其强度等级为热带风暴，抗风能力在 8 级以下的船舶均须进港锚泊。海面上 8 级大风对船舶的破坏力不可轻视，在陆地上也可将树木的微枝折断，迎风步行感觉阻力甚大，而 9 级风可使汽船航行困难；12 级风的水平风速大于 32.7 m/s，其风力垂直作用于物体时，产生的风压极具破坏力，若建筑物结构的风荷载小于强风风压时，就会被风力彻底摧毁。除了最大风速区相对持续的强风外，在台风云墙外围螺旋云雨带中常见伴随中小尺度强对流系统的阵性强风，以及在台风边缘有时形成飑线处伴生的强烈阵风。

台风的大风强度和持续时间是致灾主要气象因子之一，导致灾害的发生和灾情的严重程度还取决于台风预警、预报的时间和空间的准确率以及受灾体状况(人口密度、作物状况、建筑物结构等)，包括与之密切相关的社会环境和经济发展水平，以及防台抗灾措施的及时性和有效性等。

1.1.2　台风洪涝及其影响

登陆台风近中心剧烈对流作用、外围环流与冷空气、季风等天气系统共同作用形成降雨强度进而引发洪涝型灾害。台风引发的洪涝灾害主要发生在乡村和农田，尤其在台风登陆的沿海丘陵地带常会引起山洪暴发，受灾范围更广，主要表现为：大面积农田被淹没，导致植被破坏和农作物减产，甚至绝收；冲毁堤岸，甚至引起水库垮坝，从而淹没村镇和农田；冲毁路基、桥梁，导致火车出轨、车辆翻车、铁路交通中断；冲毁通信和输电网设施，导致通信中断和停电、停工停产；浸坏或冲毁村庄房屋等建筑物基础，导致大量农舍、禽畜棚屋倒塌，致使人畜伤亡，灾后容易引发流行性疾病和瘟疫；淹没或冲毁树木等植物，破坏生态环境。

另外，台风带来强降雨时也会引发城市的严重积水，导致居民住房和工厂企业仓库进水，使居民财物和仓储物资受损，同时阻碍交通运输，影响城市经济活动和居民生活。

导致台风洪涝灾害的主要气象因子除台风降雨强度外，还与台风影响过程的持续时间长短和影响地区前期的雨量多寡有关。

1.1.3　台风风暴潮灾害

风暴潮是指在强烈天气系统（热带气旋、温带气旋、强冷空气等）作用下所引起的海面异常升高现象。当正好遇上天文潮的高潮阶段，可导致潮位暴涨，严重危及沿海地区生命和财产安全。风暴潮有时也被称为“风暴增水”或“气象海啸”等。国内外常采用实测潮位与正常潮位值的代数差来计算风暴潮的增水值。但也有时由于离岸大风长时间吹刮，致使岸边水位剧降，有人称这种海面异常下降现象为“负风暴潮”或“风暴减水”。

形成严重风暴潮的条件有三个：一是强烈而持久的向岸大风；二是有利的岸带地形，如喇叭口状港湾和平缓的海滩；三是天文大潮配合。根据不同的条件，风暴潮的空间范围一般由几十千米至上千千米不等。

根据造成风暴潮的不同类型天气系统，常把风暴潮分成台风（飓风）风暴潮和温带风暴潮两大类。不同类型的大气扰动所引起的风暴潮特点不一样。由于台风（热带气旋之惯称）强度强，移动迅速，所产生的风暴潮增水大，其危害也大，相对而言温带气旋、强冷空气等天气系统的大气扰动强度较弱、影响时间较长，所引起的风暴潮增水过程较缓慢，增水相对不急剧。

风暴潮的强度可以由风暴潮增水的多少来划分，一般把风暴潮分为7级，详见表1.1。

表1.1　风暴潮强度等级

级别	名称	增水(cm)
0	轻风暴潮	30～50
1	小风暴潮	51～100
2	一般风暴潮	101～150
3	较大风暴潮	151～200
4	大风暴潮	201～300
5	特大风暴潮	301～450
6	罕见特大风暴潮	450以上

美国、日本、印度、孟加拉国、中国、菲律宾、英国是风暴潮灾害多发国家。中外历史上严重的风暴潮灾害事例不胜枚举。风暴潮往往伴随着狂风巨浪，导致水位暴涨，堤岸决口，农田淹没，房舍倒塌，人畜伤亡，酿成巨大灾害。全球受台风影响比较严重的地区是孟加拉湾沿岸、西北太平洋沿岸、美洲东海岸，因此，那里的风暴潮灾害也比较严重。

我国每年平均发生增水1 m以上的台风风暴潮约6次，其中形成灾害的风暴潮平均为

2.4次。每年平均发生增水1 m以上的温带风暴潮达11次，虽次数远大于台风风暴潮，但成灾的风暴潮平均为1.4次，明显低于台风风暴潮灾。每次风暴潮造成的经济损失少则几亿元，多则达几百亿元，因此，风暴潮作为我国主要的海洋气象灾害，已成为国家防灾减灾的重点之一。

1.1.4　台风灾害防御得失

长期以来，我国各级政府均十分重视台风灾害防御工作，多年来形成了一套完整的台风防灾减灾体系。根据气象部门的台风预报预警，防汛、交通、农业等部门均会启动相应的灾害防御等级，建立了政府主导、部门联动、社会参与的防灾减灾体系，这是我国台风人员伤亡趋于减少的主要原因。

台风登陆后带来的风雨影响有利有弊，如果仅仅被当作灾害，应对台风的唯一策略即是“防台减灾”。这是一种“避害”方略，其根本的出发点是“防御台风的袭击或影响”，其目标是“将台风造成的灾害减小到最小”。但如何避免过度防御，降低减灾过程中的投入也是重要的研究课题，研究适应和减缓台风灾害的应对策略十分必要。此外，台风灾害防御的根本在于准确的台风预报预警信息，大力提高台风监测预警预报水平，仍是我们提高台风防御能力的重要基础和保障。

(1)政府主导、部门联动的有效防灾减灾体系

在加强台风特别是极端强度台风的监测、预报、预警的同时，强有力的政府是减轻台风灾害的关键。在防御台风灾害的影响过程中，政府扮演着至关重要的角色。中国重大台风灾害之所以造成的伤亡相对较轻，就在于中国各级政府非常重视，例如，提前转移登陆点附近沿海地区的绝大多数民众，极大地减少了暴露在风暴威胁中的人员数量，从根本上降低了巨大人员伤亡的可能。2014年的超强台风“海燕”虽然预报准确，但还是重创了菲律宾，造成6300多人死亡，很大一个原因就在于当地政府没有采取强制措施撤离危险地区人员。

(2)防御台风灾害时加强趋利避害策略研究大有可为

长期以来，台风仅仅被当作灾害，应对台风的唯一策略即是“防台减灾”。若不计投入的人力、物力和财力，其终极效果(极限)是“零损失”。更何况有时因投入的人力、物力和财力过多、过大，这种过度防范造成的浪费并不比不加防御的损失小，最终得不偿失。

虽然台风给人类带来的益处有时是自然而然发生的(如调节气候、给全球带来的淡水等)，但是科学利用台风的潜在资源，也可将消极的“防台减灾”转变为积极的“趋利避害”，广东省水利部门就有利用台风降水多发电的成功案例。据报道，1995年夏，广东省水利厅根据准确天气预报，下令在9505号台风来袭之前，全省大、中型水库放水发电，过后让台风雨再把水库灌满，结果这个9505号台风果然为广东省多发电800万度，因此台风又成了盛夏宝贵的水电资源。

国际上也十分重视台风危害的规避及“趋利避害”策略研究。IPCC(2001)对全球和区域性气候变异的灾害属性，强调人类社会经济活动对灾害的适应，重点在事前防范，事后救援只是一种补充。在美国，沿海官方天气服务部门，还根据国家飓风中心具有权威性的全国飓风通告，制作发布当地的飓风警报和建议的响应行为等消息。英国政府于2000年资助成立的热带风暴风险(Tropical Storm Risk)协会，为企业和社会团体与个人提供规避台风危害的保险(或再保险)决策服务。

此外，早在1968年美国飓风中心就注意到了大西洋飓风对缓解美国旱情的作用(Sugg et al.,1969)，曾对澳大利亚受益于热带气旋的问题进行过专题研究，我国也有学者(谢金南等，2000)分析过台风频数与高原东北侧干旱的关系。但是，从总体上说，对台风潜在益处及其主动利用(趋利)的策略仍知之甚少。

(3)台风监测预警能力不足，台风灾害提前预测困难

近十几年来，我国台风预警服务水平取得了明显进步，但是，随着我国社会和经济的不断发展，社会暴露量越来越大，预警服务水平与国家公共服务体系的需求不相适应愈益显现。目前我国台风预报预警和服务的不足主要体现在以下几个方面。

①科学认知决定了预报准确性有限。目前对台风路径、强度变化等预报还存在一定误差。台风登陆时间与地点以及登陆后在陆上的移动路径的预报准确率仍不高，台风登陆区间和时间段的预报跨度有时较大，加大了转移安置人员的难度，增加了防台抗台的成本支出。另外，台风的结构尚不能做出预报。

②台风风雨预报精细度不高。台风引发的洪涝灾害往往是由局地短时强降水造成，但目前我们对强降水的量级、落区及降水时段的准确预报还缺乏有效手段；同时对强降水所诱发的山洪、泥石流、山体滑坡等也缺乏有效的监测和预报手段；风雨预报精度与各级党政领导部署防御台风工作的需求存在较大差距，如地方政府要求准确预报8级、10级、14级大风的起风时间、出现海域，以有效组织撤退海上人员。

③公众对警报的理解有时会出现偏差。他们认为只要台风中心不在本地区登陆，就可以高枕无忧。实际上台风的外围也会受到严重影响，有时甚至比中心登陆点附近受灾更重。台风影响不仅仅是登陆点地区，还与台风结构密切相关。外围结构与其他天气系统结合，在距离台风中心较远的位置引发强降雨灾害还时有发生。如1410号台风“麦德姆”在江西德安县引发的灾害。因此，加强公众台风预警知识的科普教育也是提高防台效果的重要因素之一。

1.2　国内外台风灾害评估主要方法综述

综合现有学术研究，台风灾害评估可以划分为以下几个方面：台风灾害系统论研究、台风灾害风险评估、台风灾害灾情评估、台风灾害经济损失评估、台风灾害减灾防灾能力评估、台风灾害生态评估等(黄蕙等，2008；牛海燕，2011a；2011b；魏章进等，2012)。根据评估对象的差异，把台风灾害评估分为风险评估和灾情评估。台风灾害风险评估的对象是台风易发的风险地区，是历史的常态性评估；而台风灾情评估的对象是一次具体的台风过程，评估的对象是正在或刚刚发生的台风灾害导致的损失严重程度。

1.2.1　台风灾害风险评估

台风灾害风险评估通常选取致灾因子的危险性、承灾体的脆弱性作为指标。孙伟等(2008)利用综合灾度、风速和降水因子对海南岛台风灾害的危险性进行过评估，给出了风险评估结果。牛海燕等(2011b)利用台风的大风、暴雨和风暴潮三个方面的指标，构建了台风致灾因子的危险性评价指标体系和模型。张丽佳等(2010)选取台风引起的大风、24小时降水量、风暴潮和受灾次数等作为评价指标，然后，计算台风灾害的灾次指数，绘制了东南沿海地区在1990—2007年的台风灾害危险性评价图。葛全胜等(2008)从承灾体数量和价值、受损失的难

易程度和专项防备措施力度三个方面对脆弱性进行了论述。在顾明等(2009)看来,台风的风灾损失主要是大风对各类工程结构的损毁导致的,他们对台风易发区域内的各类建筑结构进行了分析,并分析了这些地区遭受不同强度台风损害的可能性及其后果的严重程度。以人口、工农业生产、经济、人均和地均产值、台风强度作为评估指标,陈香(2007,2008)对福建省的台风灾害进行了脆弱性评估。周亚非等(2013)以台风灾害的危险性、暴露性、脆弱性以及所研究区域的防灾减灾能力为评估因素,构建了评价台风灾害综合风险的指标体系,他们选取台风的过程降水量、24 h最大降水量和最大风速作为危险性因子;把因为台风所造成的死亡率、经济损失、影响范围以及所造成的社会影响等级作为脆弱性因子;选取建筑密度、经济密度和人口密度为暴露性因子;利用当地的人均GDP、道路状况、医疗能力和应急疏散能力作为防灾减灾能力因子。然而,这些指标的选择缺乏统一的标准,具有一定的人为性。

1.2.1.1　评估指标体系

目前,也有一些学者从不同角度来探讨台风灾害的预评估研究,其中一个内容就是评估指标的确定。指标体系法是一种半定量的计算方法,主要是通过建立评价指标体系和计算承灾体脆弱性指数来表示评价单元脆弱性程度的相对大小,这是目前脆弱性评估中最为常用的方法。其中,评价指标体系的建立是最为基础、关键的一步,目前多是通过承灾体脆弱性的发生原因、表现特征等方面进行指标选择,建立评价指标体系。1992年,IPCC提出了全球第一个脆弱性评估框架,构建了5种评价指标体系,在此基础上,联合国环境规划署制定了更为具体的评价手册(Burton et al.,1998)。随后,许多学者根据各自的专业研究方向建立了不同灾种的评价指标体系,此外,这些研究的空间尺度也趋于多样化,大到全球尺度,精细化至社区尺度。如"美洲计划"研究项目构建了包括3个次级指标的脆弱性指数(Cardona et al.,2005);Bollin等(2006)综合考虑了物理、社会、经济、环境4个脆弱性方面,构建了脆弱性评估模型;国外学者把研究区域尺度从大都市群逐渐缩小到城市社区,建立了基于不同场景的相关评价指标体系(Granger,2003;Kleinosky et al.,2007;Rao et al.,2007);石勇等(2009)、王静静等(2011)分别从不同角度入手,构建了脆弱性指标体系,开展了上海沿海6个区县自然灾害脆弱性评价;李阔等(2011)从社会经济、土地利用、生态环境、滨海构造物和承载能力5个方面,建构了广东省沿海地区风暴潮灾害易损性评价指标体系。

指标体系法是一种相对半定量化脆弱性的度量方法,原理简单,操作性强,在单个承灾体、多个承灾体以及承载系统脆弱性评估中已有广泛应用,但是不同研究学者对灾害的发生原因、承灾体的表现特征等理解不同。因此,运用指标体系法进行承灾体脆弱性评估的过程中人为的主观性较强。此外,承灾体脆弱性的研究具有很强的区域性,不同研究区域的承灾体类别、表现特征不同,因此需要建立适合研究区域的评价指标体系。

王慧民等(2013)从灾害系统论出发,借鉴自然灾害的风险和损失评估指标体系,通过分析已有预评估指标体系的不足,提出了一个用于台风灾害预评估的指标体系。根据台风所引发的大风、降水、登陆位置和强度并结合表征台风灾情的综合指数(ATDI)、房屋倒损、受淹农田及直接经济损失,陈佩燕等(2009)对灾情进行了预估研究;选取热带气旋登陆时的最低气压、最大瞬时风速及其过程降水量的极值为灾情预测因子,再结合承灾体密度、伤亡人数、损坏房屋和公路等9项因子作为评估依据,樊琦等(2000)给出了一种灾情预估方案;张永恒等(2009)选用热带气旋的最低气压、最大风速、天文大潮指数以及降水等因素,综合人口、耕地、经济等影响指标构建了预测模型,并进行了预评估研究;赵飞等(2011)通过构建模型,以台风最低气压、过程雨量、最大风速、天文大潮指数、人口密度和地质灾害危险性等因子作为模型输入，以受灾人口、农作物受灾面积和直接经济损失作为系统输出，给出了一种预评估模型。刘少军等(2012)以数值天气预报产品为信息源，利用降水量、降水强度、最大风速和经济易损性作为评价因子，采用可拓模型对台风灾害进行了预测性评估。

1.2.1.2　定量化脆弱性曲线

脆弱性曲线，又称为脆弱性函数，是基于不同致灾因子的强度参数与承灾体损失(率)之间关系的一种定量化脆弱性评估方法，这种基于强度—损失(率)的关系主要是通过实验室模拟、灾后实地调查等方式构建(周瑶等，2012)。Khanduri 等(2003)针对不同结构房屋类型，建立了基于风速与建筑物平均损失率的脆弱性曲线；Lee 等(2005)考虑房屋的屋顶形状、地理位置等因素，构建了呈对数分布的房屋易损性函数。

构建脆弱性曲线是被国外广泛采用的脆弱性定量化研究方法，目前大部分研究多集中在台风风速、淹没深度、地震强度等致灾因子参数与房屋、农作物等承灾体损失(率)之间的脆弱性曲线的构建。但是在我国并没有建立灾害调查与评估的制度、规范和标准，同时灾情数据共享不足，数据资料获取困难，难以构建出成熟、实用的脆弱性曲线。此外，该方法并不涉及社会、经济、环境的脆弱性水平以及应对灾害的应急响应能力等方面的评估，只代表了绝对物理参数的脆弱性度量。

1.2.2　台风灾情评估

灾情评估是指在掌握丰富的历史与现实灾害数据资料的基础上，应用统计方法对已经或正在发生的灾害可能造成的、正在造成的或已经造成的人员伤害与财产或利益损失进行定量地估算，并评估其灾害严重程度。台风灾情评估与台风风险评估相比，侧重点不同。台风风险评估是以承灾地区为评估对象，定量计算其遭受损失的可能性及大小；台风灾情评估的对象则是一次正在或已经发生的台风灾害，量度其综合破坏程度。目前台风灾情指数评估方法以大范围地区的宏观评估为主；另外一种则是以台风灾害发生频度、强度以及具体承灾体结构的统计模拟为主。

对于灾情评估指标体系的研究相对较多(任鲁川，1996；许飞琼，1996)，但也尚无一致意见。一般分为定性指标和定量指标两大类。根据自然灾害所造成的死亡人数、经济损失额度，把灾害损失分为微灾、小灾、中灾、大灾和巨灾 5 个等级，并设定了它们的指标界限(赵阿兴等，1993)。通过选取死亡人数、房屋倒塌、受淹农田这 3 个指标，构建相应的灾情指数，并对上海地区进行了灾情评估，划分出了灾情等级，在此基础上还作了灾年预测(卢文芳，1995)。根据上海市 50 年来成灾台风的最大风速、过程雨量及潮位站的数据，孟菲等(2007)分析了灾害成因，并讨论了三者与灾情之间的相关性，并作了灾年预测。

1.2.3　灾情指标评估算法实现

台风灾情指标评估主要是针对宏观范围，如某次台风对受灾地区产生破坏的严重程度或者是某次台风所致的总的破坏严重程度。目前的研究主要采取回归分析法、模糊综合评判法、层次分析法等。

1.2.3.1　回归分析法

回归是一种通过因变量模拟或预测响应变量的常用统计方法。应用回归分析评估台风灾情，一类是直接考虑具体的致灾因子与承灾体因子，即自变量是各个致灾因子，如台风雨量、台风登陆风速，因变量是各个灾后因子，如倒损房屋数、人员伤亡数等。另一类则是以致灾因子或者灾后因子作为自变量，而以表征台风灾害综合毁损程度的指数作为被模拟与预测变量建立回归模型，如可将灾情如倒损房屋数、受淹农田面积等合成为综合灾情等级，并作为响应变量与具体致灾因子如台风风速和降水量等建立回归关系式，模型输出的响应变量则是评估或预估的灾情综合指数(刘玉函等，2003)。

具体的回归形式上，选择各有不同。第一种采用联立方程模型形式，分别用灾情因子，如受灾面积、倒损房屋和人员伤亡，以及致灾因子，如台风中心气压、过程降雨量、登陆风力、底层中心附近最大风速等建立了联立方程模型。史军等(2013)利用逐步回归方法建立了上海台风灾害损失评估模型，利用上海气象站的风雨观测资料、上海社会和经济数据、上海基础地理信息数据以及台风灾情资料，对上海地区的台风灾损进行了年际变化和地区分布差异研究。钱燕珍等(2001)采用数理统计方法，按登陆和外围影响两类台风分别建立灾情指数序列，并在此基础上，通过定量地评算，客观地划分了灾情等级。第二种采用多项式拟合。通过将台风灾害的主要致灾因子合成风指数、雨指数以及承灾体指数，建立国民经济直接损失模式(ELM)和倒损房屋数量模式(HCM 和 HDM)等灾害损失预测模式，其回归多项式阶数根据预测效果进行确定(吕纯濂等，1993)。第三种形式则采用幂函数拟合(林继生等，1995)。

1.2.3.2　层次分析法

层次分析是较为典型的统计综合评价方法，通过将台风致灾影响因素建立指标系统，并进一步建立亚指标系统，形成指标分层，通过判断矩阵确立各指标权重，并进行多指标综合，计算总指数，从而进行灾害的综合评估。这一方法在台风灾害风险评估与灾情评估中均有广泛应用。如李春梅等(2006)利用1949—2003年登陆和严重影响广东省的热带气旋的特征参数、气象资料、直接经济损失和造成的灾情损失等资料，对参与评估的指标进行分层，分为中心最低气压、地理综合参数、风综合参数、雨综合参数4个亚评估指标和17个单项评估分指标，利用专家打分法进行相对重要性的判别，确立权重系数，最后建立“热带气旋综合影响指数”。与模糊综合评判和回归分析法一样，指标的选择不同，则可分别进行灾情的预评估与灾后评估。

1.2.3.3　模糊综合评判

模糊综合评判是采用模糊数学方法对多因素进行综合的一种综合评估方法。在台风灾害评估中，多因素模糊集合一类为台风灾害的灾后因子，如倒损房屋、受淹农田，这类评估为台风过后的灾后评估。另一类为灾中的台风风速和雨量以及地理等因子，这种评估具有灾前性质，则为灾情的预评估。上述两类均采用模糊方法确定单因素权重，从而进行综合合成。在灾害评估中采用模糊综合评判方法，其优点是可以将本来模糊的、主观性很大的定性评估转变为定量评判，其思路清晰、评判结果直观，且能满足灾害评估的精度要求。模糊数学方法具体使用时，指标选取各有特色。张永恒等(2009)根据2000—2006年20个影响浙江省的台风灾情资料，采用模糊数学的方法建立了一种评估模型。王秀荣等(2010)、马清云等(2008)则考虑了更多因子，尤其是将防灾减灾能力进行定量评估融入模糊数学评价模型中，台风影响时间和致灾因子与脆弱性因子等10个因子构建综合评价系数，并与通过经济损失给出的实际灾情进行对比分析，其模型既可对灾情进行预估也可以灾后评估。梁必骐等(1999)对1979—1996年登陆广东省的热带气旋灾害采用模糊数学方法，建立了相应的灾害评估模型。通过计算历次热带气旋登陆的综合灾害指数来评判灾情的轻重程度。赵飞等(2011)采用模糊数学法,选取表征台风的致灾因子、承灾体和防灾减灾能力的8个因子作为模型的输入因子,采用层次分析法来确定影响因子的权重,然后计算出案例集中的台风的综合评价指数,给出了综合评价指数与受灾人口、农作物受灾面积及直接经济损失等典型灾情指标之间的最优幂函数回归方程,并用其对台风灾情进行定量评估。

1.2.3.4 可拓方法

可拓方法是我国学者蔡文于1983年提出的,它用形式化工具,从定性和定量两个角度去研究解决矛盾问题的规律和方法,其核心内容为物元理论和可拓集合理论,基本方法是通过建立多指标参数的质量评定模型来完整地反映样本的综合水平。学者将可拓方法应用到台风灾害损失评估中,选择降水量、降水强度、最大风速、经济易损性作为评价的指标,利用可拓方法,将评价指标及其特征值作为物元,通过计算综合关联度,判断灾害损失的等级(刘少军等,2010)。

1.2.3.5 灰色关联度分析法

灰色关联度分析法是一种多因素统计分析方法,它以各因素的样本数据为依据,用灰色关联度来描述因素间关系的强弱、大小和次序,若样本数据反映出的两因素变化的态势基本一致,则它们之间的关联度较大,反之,关联度较小。与传统的多因素分析方法相比,灰色关联度分析法对数据要求较低且计算量较小,因此该方法已广泛运用于社会和自然科学的各个领域,尤其在灾情评估和经济领域内取得了较好的应用效果(傅立,1992)。该方法应用于评估台风灾情等级时,将台风灾害造成损失的各单项因子进行归一化处理,然后将各次台风造成损失的各单指标归一化值与所有历史台风灾情单指标的最大值构成的序列求关联系数,再按照关联系数的大小确定各次台风灾情的综合严重程度(刘伟东等,2007)。根据受灾人口、农作物受灾面积、死亡人口、倒塌房屋、直接经济损失等5种灾害数据,吴慧等(2009)借助灰色关联分析方法对热带气旋灾害进行了等级评估,得到了较为合理的结果。徐庆娟等(2012)针对华南影响较大的热带气旋灾害资料,选取死亡人数、受灾人数、农田受灾面积、房屋倒塌间数和直接经济损失5个指标,利用灰色关联分析对灾情进行了评估。实际应用中,该方法更多用于台风灾后评估(陈仕鸿等,2012;牛海燕等,2011)。

1.2.3.6 神经网络法

神经网络方法是一种具有高度计算能力、自学能力、容错能力的对非线性关系的多变量的建模方法。在台风灾情预评估中,致灾因子主要是雨量以及近地面中心最大风速等,灾损因子通常则包括台风受淹农田、倒损房屋数、直接经济损失等。而这种联系的具体形式是复杂和非线性的,通过一些历史数据的神经网络训练,建立网络结构模型,从而预测台风损失灾情(娄伟平等,2009)。神经网络方法具有模拟精度高的特点,网络构建合理,则会有较好的灾情预测效果,否则灾情预测效果则与模拟效果存在较大差距。张广平等(2013)利用T－S模糊神经网络对海南省的台风灾情进行预测,叶小岭等(2013)利用粒子群优化BP神经网络来预测台风灾损,陈仕鸿等(2010)利用神经网络来设计广东台风灾情预测系统。

1.2.4 台风灾情统计模拟

台风灾情的统计模拟评估主要是以台风灾害发生的强度、频度以及承灾体具体结构的统计模拟为主,即通过受台风威胁地区台风发生频度、强度以及承灾体的具体特性和位置分布进行相应的统计模拟来评估台风灾害灾情或风险。这一方法在国外开展较多，主要评估台风风灾，台风带来的大范围降雨致灾则被归入洪涝灾害。台风灾情的统计模拟方法一般包括台风频度、强度、路径模拟、台风风场模拟、工程结构的风破坏模拟以及预期保险损失的模拟等(Hamid et al.,2010)。

目前受台风威胁地区的台风发生频数模拟采用的方法有三类：一类为直接采用历史数据(Yoshida et al.,1998；魏章进等,2012)；第二类则采用拟合频数的概率分布(Choi et al.,2010；魏章进等,2011)；第三种则以台风实际发生过程为依据，对台风的产生进行模拟再现(Powell et al.,2005)。台风再现模拟中，气旋活动的年际变化、热带气旋的年际变化、厄尔尼诺、拉尼娜等影响台风活动因子作为参数选择因子，通过负二项分布或者泊松分布模拟气旋发生频数(Hamid et al.,2010)。

台风路径模拟则模拟台风的强度变化以及路径变化，通过给定地区的登陆数检验确定模拟的准确度。台风风场模拟应用成熟台风的物理模型和台风参数资料，采用数值方法模拟台风风场(Twisdale et al.,2000)。

台风进入受威胁地区的一定影响范围内，则台风风场模式与地区的建筑结构，地形数据相结合的风损失模型被应用，并评估破坏程度。其评估的基本方法通过构造风灾地区损失模型，对地区风灾损失或风险进行度量。风灾地区损失模型一般通过确定各种台风风速发生的概率，然后建立风速与破坏程度大小的函数关系，从而确定损失发生的概率，并计算预期损失来评估可能的灾情或者将已经发生的台风灾害相关数据代入模型，评估台风灾情。风灾地区损失模型中，自变量是台风风速，响应变量为台风造成的预期损失，如 Huang 等(2001)、Dorland 等(1999)、Klawa 等(2003)、Unanwa 等(2000)分别构建了适合当地的台风风速与损失率的函数。

台风统计模拟损失估计分别使用各种类型建筑体结构的脆弱性矩阵，计算预期损失。具体评估损失时一般采用两种方法。一种方法通过估计每种保险方案下全部的保险损失，然后再除以每年的台风频数，得到每年的预期损失。然后分别根据各地区的承灾结构的暴露性程度，计算每个地区的预期损失。另外一种方法则与之相反，通过计算每个地区的风分布函数，得到每个地区的预期损失，通过累加估计各种保险方案下整个地区的预期保险损失(Mitsuta et al.,1996)。

各种学术研究中的台风灾情统计模拟评估，其基本流程可归纳为三个组成部分，四个模块。三个部分主要为台风气象模拟、台风工程模拟和保险模拟。其具体的四个模块则为台风预测模块、风场模块、工程脆弱性模块和保险损失模块。

1.2.5　台风风暴潮灾害评估

国内外对于风暴潮灾情损失评估做了大量的研究，通过建立损失评估模型对灾害损失进行定量评估。如 Petak 等(1993)详细阐述了美国风暴潮灾害风险评估方法，并以县为基本研究单元，开展风暴潮灾情损失的估算；许启望等(1998)建立了风暴潮灾害直接经济损失和灾度两个指标，并分析了其与风暴潮强度的关系，通过线性回归法等 4 种不同数学模型对风暴潮灾情评估进行了初步探讨；冯利华(2002)提出了风暴潮等级和灾度的概念，用于定量化描述风暴潮强度以及风暴潮造成的人员伤亡和财产损失情况；梁海燕等(2005)针对小面积区域，建立了风暴潮灾害损失评估模型；2007 年又采用价值分析法，建立直接经济损失与系统要素所处的高程及潮位的关系，以此开展海南岛风暴潮灾害灾情损失评估(梁海燕，2007)。以上海地区为例，基于土地利用建立灾损曲线，开展了台风暴雨和风暴潮灾害的灾情损失评估(尹占娥，2009；谢翠娜，2010)。

风暴潮灾害危险性评估是风暴潮风险评估和区划工作的重要组成部分，目的是针对灾害的自然属性即致灾强度进行评估，主要内容包括风暴潮强度的数值模拟、典型重现期风暴潮估计、可能最大风暴潮计算。只有当承灾体对风暴潮灾害的承受能力超出自身水平时，才能形成灾害，因此研究致灾因子危险性的同时，亦需同步开展承灾体脆弱性分析。研究方法主要包括两种：指标体系法和定量化脆弱性曲线函数法。

1.2.5.1　风暴潮灾害自然属性评估

(1)风暴潮强度的数值模拟

对于风暴潮强度的数值模拟，早期研究主要集中在对实际观测风暴潮与其可能影响因素进行计算分析，确定它们之间的统计关系。到了 20 世纪 50 年代，学者们从风暴潮的发生机理入手，建立风暴潮数值模拟模型，开展风暴潮危险性评估。相比早期的经验统计，研究方法逐步由定性、半定量分析转向数值模拟。经过 60 年的发展，许多国家和地区都建立了各具特色的风暴潮模型(Jelesnianski et al.，1992；Wilson et al.，1997；DHI，1996；Vermeiren et al.，1994)，例如美国的 SPLASH 模式以及在其基础上发展出的 SLOSH 模型、美国加勒比海灾害减轻项目建立的 TAOS 模型、英国的 SEA 模型、荷兰的 DELFT3D 模型以及丹麦的 MIKE 模型等，其中美国历时 10 年建立的 SLOSH 风暴潮模式，在风暴潮强度预报实践中取得了良好的效果；丹麦的 MIKE 模型在海洋工程方面得到了广泛应用。1979 年，我国学者孙文心发表了国内第一篇风暴潮数值模拟的论文，开创了国内数值风暴潮预报的先河，经过 30 多年的发展，我国也在风暴潮模拟技术方面取得了长足的进步。于福江等(2002)采用嵌套网格，建立了东海区风暴潮预报模式，该模式粗细网格的分辨率分别是 6′和 2′；端义宏等(2005)应用一个改进的多层、自然正交坐标网格的河口海岸模式 ECOM2Si 建立了长江口区的风暴潮数值预报模式，该模型在长江口区有较细的水平分辨率，最小格距为 300 m，而在外海的最大格距为 5 km，时间步长为 120 秒。

(2)典型重现期风暴潮估计

典型重现期风暴潮(Typical Return Period Storm Surge)的估计是一种基于频率分析的手段，给出一个区域未来发生不同严重程度风暴潮的可能性，是对研究区风暴潮危险性长期特征的反映。百年一遇的风暴潮并不是指该区域在 100 年内风暴潮危险性事件必然发生，而是指该区域每年发生这种极端事件可能性达到了 0.01。典型风暴潮重现期的估计为沿岸重点工程设计提供了参考标准，以便决策方在工程建设成本和风暴潮防护能力上做出综合评估从而进行效益的最优选。

基于历史实测资料的风暴潮重现期估计方法主要有经典参数统计分析方法和联合概率分布方法。经典参数统计分析方法在工程设计典型风暴潮重现期中得到了广泛应用，针对潮位或浪高等单要素的典型重现期计算，《海堤工程设计规范》中推荐 Gumbel 分布或皮尔逊-Ⅲ型分布，许多学者对韦伯分布、柯西分布、广义极值分布、帕累托分布、对数正态分布、指数分布等参数模型也做过尝试(王喜年等，1984；于福江等，2002；端义宏等，2005；仇学艳等，2001；梁海燕等，2004；Todd，2000；Coles，2007)。采用这些参数分布模型时，观测样本序列的长短或参数估计方法的不同都会对重现期计算结果产生影响。

(3)可能最大风暴潮的计算

美国土木工程界在 20 世纪 60 年代提出了可能最大暴雨和可能最大洪水的概念(王国安,2008),与典型重现期水位设计标准配合使用,为工程建设提供设计参考标准。针对石油钻井平台、核电站等重点防护目标,工程设计领域引进了可能最大风暴潮(Probable Maximum Storm Surge,PMSS)。

1.2.5.2　风暴潮灾害风险评估

当承灾体对风暴潮灾害的承受能力超出自身水平时,才能形成灾害,因此研究致灾因子危险性的同时,亦需同步开展承灾体脆弱性分析。随着研究的深入,脆弱性逐渐演变成由自然、社会、经济和环境共同决定的多尺度的综合性概念,研究方法主要包括两种。灾害风险评估是对研究区遭受不同强度灾害的可能性及其可能造成的后果进行的定量分析和评估,是把致灾因子的危险性与承灾体的脆弱性紧密联系起来的重要桥梁,是开展综合减灾和制定应急管理对策的基础和依据,亦是防灾减灾 3 大体系优化配置的基本依据。依据对风暴潮风险认识不同,灾害风险评估主要分为两种。

风暴潮灾害风险评估是针对一个区域发生风暴潮灾害损失水平的估算,或者未来时间尺度内发生风暴潮灾害可能性的估算,与灾情损失评估相比,该方法计算结果只代表一种相对风险的度量,而非可能灾害损失(王美双,2011)。该方法不仅是从风暴潮灾害自然属性角度出发(如发生频率和强度),借助数值模型开展不同强度或者不同重现期下致灾因子危险性评估,而且还要从人文、社会、环境等方面综合考虑不同承灾体对灾害的承灾、应急响应水平,最终以致灾因子危险性和承灾体脆弱性为基础,通过建立的灾害风险评估模型得到风暴潮灾害风险评估图。不同学者对于灾害风险形成机理的理解不同,使得风险度表达亦不同,Maskrey(1989)综合研究灾害风险案例,提出灾害风险度是致灾因子危险性与承灾体脆弱性之代数和,但是更多的学者则认为灾害风险度是两者之乘积(United Nations,1991),并应用于许多风险评估研究中。20 世纪 90 年代,美国将风暴潮防灾减灾的重点转移到了风暴潮风险评估和区划上,在全国范围内开展风暴潮灾害风险评估工作,是最早开展风暴潮灾害风险评估的国家,其评估结果在风暴潮灾害应急响应中发挥了实际作用。我国风暴潮灾害风险评估工作起步较晚,直至 2008 年,针对河北沧州、唐山和秦皇岛部分沿海区域的我国第一份风暴潮灾害风险评估图问世;2013 年,浙江省正式启动温州苍南县、平阳县、台州玉环县等首批 8 个县(市、区)的风暴潮灾害风险评估工作。目前,我国沿海城市风暴潮风险评估刚刚启动,研究还不够全面和深入,难以满足沿海城市公共安全保障之需,是海洋减灾防灾的薄弱环节之一。

1.2.5.3　风暴潮灾情损失评估

该方法利用概率统计、试验模拟、空间分析等方法对计算出的灾害对承灾体可能造成的生命和财产损失进行定量评价与估算,也可以根据致灾因子的危险性与不同承灾体损失率的相关关系,开展灾情损失的初步估算,它是准确把握灾害损失及基本特征的一种灾害统计分析、评价方法,主要适用于数据齐全的中小尺度风险评估。

风暴潮灾害损失评估是灾害理论研究的热点和难点之一,由于缺乏科学的灾害损失调查与评估规范,灾情损失评估的实效性和评估效果往往不是很令人满意,而且该方法具有模糊性、复杂性和不确定性的特点,需要完备翔实的数据资料,因此进一步限制了其在防灾减灾实际工作中的推广运用。

1.3　台风灾害链和评估因子

台风灾害所包括的范围不仅仅是台风本身所诱发的致灾因子导致的灾害，还应该包含其携带的大风、暴雨、风暴潮等引发的一系列次生灾害，这便是台风灾害链的形态。所以台风灾害链的含义是指因台风灾害的发生而引起的一系列灾害发生的现象，诸如洪水、滑坡、泥石流、水库溃决等(图 1.6)。

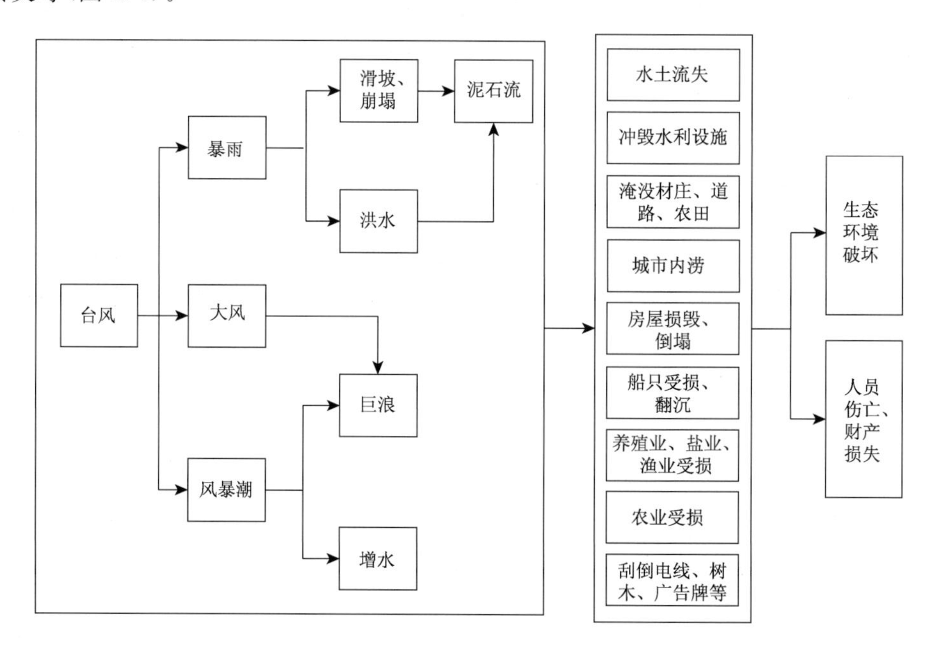

图 1.6　全区域台风灾害链示意图

1.3.1　台风灾害链的主要划分

目前，根据已有的相关研究，将台风灾害链的类型主要划分了三种，分别为台风—暴雨灾害链、台风—大风灾害链和台风—风暴潮灾害链。

1.3.1.1　台风—暴雨灾害链

由于台风具有充足的水汽来源和强烈的上升运动，本身易形成暴雨，也可以与其他天气系统共同促成暴雨。据统计，登陆我国的热带风暴和台风几乎全部带来了暴雨，其中 95%造成了大暴雨，约有 60%形成了特大暴雨。台风登陆后如果维持不消，并在适当条件下，很可能造成持续性的特大暴雨，从而带来灾害。

洪水是台风暴雨带来的第一级次生灾害，进而造成连环性灾害。沿海地区每年 7—9 月发生的洪涝灾害多是由台风灾害链造成的，它几乎对各行各业都有影响，影响最大的是农业生产。洪水在低平地区积成涝灾，造成大面积农作物受灾，使粮食减产；洪水造成大量水利工程被毁，堤围溃决，河水暴涨，冲毁塘库，严重损害水产养殖业；导致大量房屋被淹没和倒塌，严重威胁人民生命财产；道路被冲毁，交通受阻。

暴雨还可造成大面积滑坡和山体崩塌。一个地方长期不断地发生崩塌，其积累的大量崩塌堆积体可转化为滑坡。崩塌与滑坡产生的松散堆积物在降雨的作用下又可形成泥石流灾害，极大地威胁着山区的工程和道路交通设施。同时，由此而引发的水土流失也对生态环境和河流下游淤积问题有很大影响。

1.3.1.2　台风—大风灾害链

大风灾害是台风的强大风力直接造成的。台风是一种中心气压极低的天气系统，具有强大的气压梯度，因此必然引起极大的风速。台风在海上时，风力往往很大，而登陆后，风力虽然减弱，但也常常造成 12 级以上的大风，进而形成一系列灾害链。新中国成立以来曾发生过几次风力灾害特别强大的台风。例如 7908 号台风于 1979 年 8 月 2 日在深圳登陆，计有 59 个县出现 8 级大风，33 个县出现 10 级大风，19 个县出现 12 级大风。

台风造成的大风极具摧毁力，狂风吹倒各类大型公用设施、装置、电缆等，可造成行人伤亡、车辆被砸，同时阻断通信、电力供应，进一步造成工业停产、居民生活受影响；狂风吹倒房屋或将树连根拔起，极易造成人员伤亡，严重者甚至可摧毁城镇；在海上，狂风可直接导致翻船事故，威胁渔业、航运及船员生命安全，造成一系列灾难性后果；台风对农作物和经济作物的危害也极大，直接吹断树木，毁坏农作物，毁坏橡胶林，破坏它们的生长和产量，从而影响经济发展。

此外，高速公路、铁路、机场、港口、码头等在台风大风影响下可能临时关闭，其所产生的间接经济影响可能远高于直接损失。

1.3.1.3　台风—风暴潮灾害链

台风风暴潮灾害居各类海洋灾害之首，它是由台风的强大风力及中心低气压引起的海水位异常升高，加上近海海底摩擦作用的抬高以及海湾特殊地形的能量蓄积作用形成的一种破坏力巨大的沿海地区严重海洋灾害。

台风登陆时常造成潮水位剧烈升高，造成涌水，所以风暴潮来势凶猛，在很短时间内可使海堤决口，海水倒灌侵入城镇乡村，造成房屋倒塌，人畜伤亡；海水淹没农田，污染淡水资源，破坏海水养殖业，给人民生命财产和工农业生产都造成巨大损失；台风巨浪严重影响海上捕捞和海洋开发，危害渔民和海上作业人员的生命安全；风暴潮形成的特殊沉积过程，造成沿海港口的淤积，对海洋运输产生影响；同时，由于风暴潮使海面水位升高，如果沿海堤围不牢或高度偏低，则会引起海水倒灌灾害；另外，海水倒灌造成的土壤盐渍化也给沿海地区农业生产造成严重后果。而且洪水季节中的 6—10 月正是台风最活跃的时期，当洪水下泄时，如果遇到台风风暴潮，二者叠加后形成的灾害就更严重。

1.3.2　台风灾害链的多样表现形式

台风灾害链根据其表现形式的不同，也可以分为不同的类型，比如，从时间顺序和空间区域上，也可以将整个灾害过程分为海区、沿海区、内陆区三个区域的灾害（图 1.7），从而有利于进一步对灾害链进行精细化研究。

在近海和沿海区域：台风灾害链的主要表现为台风—巨浪—垮堤，台风—风暴潮—机械故障，台风风暴潮—洪涝/海水入侵—土壤盐渍化等。

在内陆区域：台风灾害链的主要表现形式为台风—大风—断电/结构破坏/机械故障，台风—暴雨—洪水/山崩/滑坡/泥石流/水土流失，台风—暴雨—内涝—生物病虫害等。

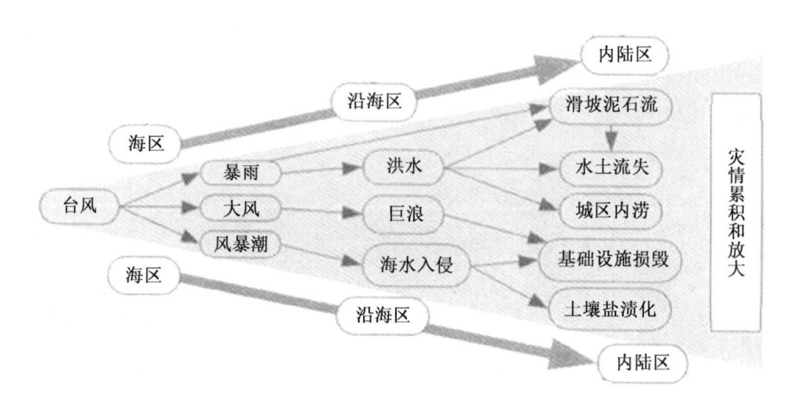

图 1.7 分区域台风灾害链示意图

1.3.3 台风灾害链的防范对策

台风等自然灾害事件虽然很难避免，但可以在尊重自然灾害区域规律的前提下，通过积极、合理地调适人类活动，建立一种长期性、常态化的区域灾害适应模式，可以实现与灾害风险共存的区域可持续发展，严重的灾害链可以放大灾情，因此对于台风灾害链的防范和适应，通常比单一地防范一种灾害要更加复杂，必须有综合的适应对策。目前大量研究基本都是从工程和非工程角度的适应方面入手，构建一套兼顾多种灾害，综合灾前、中、后全过程的区域台风灾害链风险防范模式。

1.3.3.1 工程防范

沿海区域要重视海堤工程和生物工程建设，重点防范台风—风暴潮—海水倒灌—洪涝灾害链类型；内陆应重视河道整治和水库除险加固；还要从土地利用结构调整和空间优化布局角度，尽可能减少不合理的人为开发建设对生态环境的破坏。

海堤工程是沿海抵御台风的第一道防线，应根据区域人口规模和经济密度，因地制宜地提升海堤工程的设防标准，可有效减轻台风灾害链的风险；内陆区域要特别重视河道整治，调整土地利用结构和人类活动，特别是山区地带要努力实现对地质灾害风险的有效适应和防范。

1.3.3.2 非工程防范

非工程适应对策是工程型对策的重要补充，可以有效克服单一工程措施存在的成本过高、建设周期长等不足，往往可以起到重要的灾害适应效果。首先在适应理念上，要重视分区、分时风险防范，在组织体系上要重视上下级的纵向协调和各部门之间的横向联动，建立一个纵向到底、横向到边、信息畅通的防范机制。其次，应特别重视保险在巨灾风险转移中的作用，通过政府、保险公司和灾民三方共同承担，来实现台风灾害链的多主体分担和多途径转移。

1.4 气象部门台风灾害评估业务现状

目前，台风灾害评估方法主要有两种，一种是台风灾情指数评估方法以大范围地区的宏观评估为主，如回归分析法、模糊综合评判法、层次分析法等。例如，陈舜华等(1994)利用经济计量模式对台风灾情进行评估，林继生等(1995)则用多项式拟合的客观分析法定量评估灾害损失，李春梅等(2000)将层次分析法和专家打分法应用于广东省热带气旋灾害影响评估模式中，国家气象中心也应用模糊数学方法建立了灾害评估模型。另一种则是以台风灾害发生频度、强度以及具体承灾体结构的统计模拟为主，一般包括台风频度、强度、路径模拟、台风风场模拟、工程结构破坏模拟以及预期保险损失模拟等。

针对工程台风灾害评估而言，国内相关工作开展较少。黄世成等(2009)用气候统计学方法分析了苏通大桥桥位工程区影响台风的时空分布，并用蒙特卡罗模拟方法对8级以上台风大风对桥位区可能造成的灾损指数进行计算。宋丽莉等(2005)计算了台风阵风系数、风功率谱、风攻角等抗风参数研究对工程的影响。这些研究结果可以满足局部特殊环境下对工程区气象灾害风险分析的需要，但不能全面评判台风大风所能造成的影响。陈佩燕等(2009)构建了表征房屋倒损、农田受淹及直接经济损失的ATDI指数，发现大风和ATDI指数有显著的正相关。

以下内容为广东、浙江、天津和国家气象中心近年来的研究成果和应用情况。

1.4.1　广东省气象局

1.4.1.1　主要内容

广东南临南海，东临太平洋，有着漫长的大陆海岸线，极易遭受台风的袭击，是全国登陆台风最多的省份。据1951年以来的资料统计，登陆广东的台风占登陆我国台风的34.5%，平均每年登陆或严重影响广东的台风有5.3个，其中登陆2.7个。登陆达到台风以上级别的占53.5%。台风是广东夏秋季的主要灾害性天气之一，主要影响时段是6—10月，7—9月是高峰期。台风灾害具有突发性强、影响范围广、连锁效应明显、破坏力大等特征，带来的狂风、暴雨和风暴潮，往往造成堤防被摧、城镇和农田受淹、海塘冲毁、房屋倒塌、道路桥梁冲毁、基础设施破坏，使农业、渔业受损，供电、电信中断，交通受阻，甚至人员伤亡等，给社会经济发展和人民群众的生命财产安全构成巨大威胁。据统计，广东省平均每年因台风造成的经济损失在60亿元以上，约占全省全年自然灾害损失总值的60%，居于各种自然灾害之首。

广东沿岸台风登陆个数从西向东减少。台风灾害的风险总体表现为沿海高内陆低(图1.8)，台风造成的直接经济损失主要分布在粤西和粤东沿海，近30年来因台风灾害造成损失最大的是湛江市，其次是茂名市和汕头市，中山市最少，主要是由于台风引发的大风、暴潮和暴雨洪涝灾害综合影响造成的；除了沿海地市外，梅州、韶关等山区市的因台风灾害死亡人数也较多，主要是由于台风引发的暴雨洪涝和山洪地质灾害等次生灾害造成的。

最近30年台风灾害造成的直接经济损失有增加的趋势(图1.9)，尤其是20世纪90年代以来，台风灾害高风险区的沿海经济迅猛发展，集中了全省人口的70%和全省经济生产总值的84%，因而对台风灾害十分敏感，且随着人口的增长和经济的发展，这种敏感程度越来越大，但另一方面，防灾减灾能力也随之提高，因台风造成的直接经济损失占GDP比重明显下降，人员伤亡显著减少(图1.10)。

随着社会经济发展和现代化建设步伐的加快，以及全球气候变化不稳定性的加剧，台风灾害的发生频率不断加快，呈现出强度更强、登陆更早、陆地滞留时间更长、风雨影响更大等特点，造成的损失也更大，给经济发展、社会安定带来巨大影响，已成为广东省经济可持续发展和率先实现现代化的重要制约因素。例如，2014年超强台风“威马逊”登陆时中心附近最大风力和中心最低气压创下广东有台风记录以来新的最强极值，造成全省直接经济损失达158.6亿

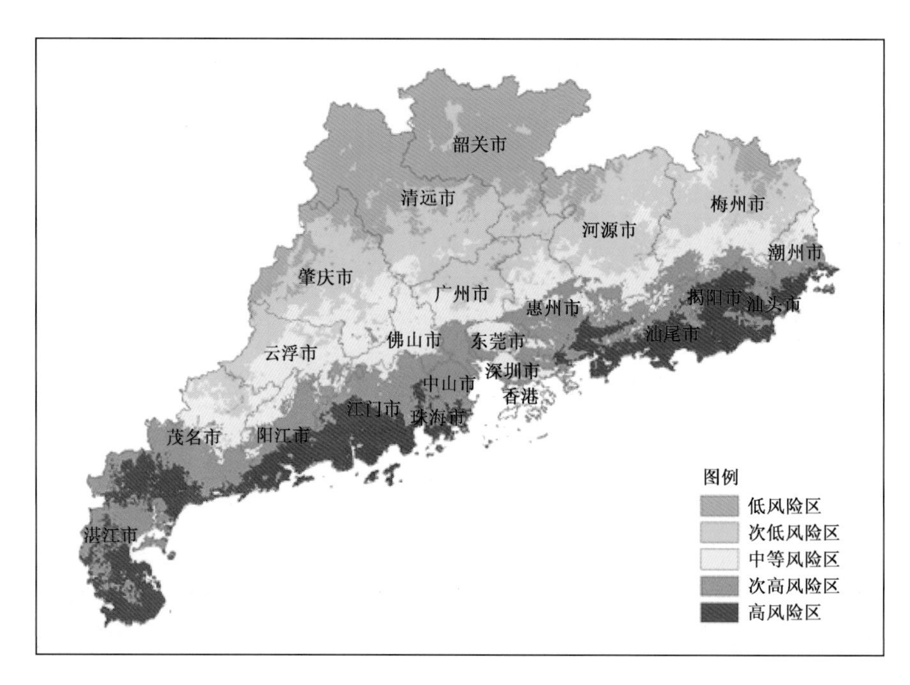

图 1.8　广东省台风灾害风险区划图

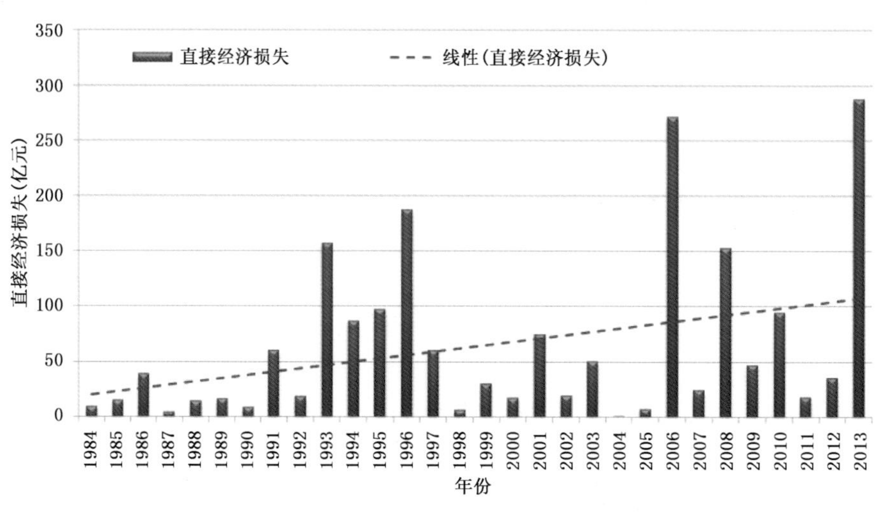

图 1.9　1984—2013 年广东省台风灾害直接经济损失变化

元，其中粤西直接经济损失 130.19 亿元；2015 年强台风“彩虹”在湛江市坡头区沿海地区登陆，又成为有气象记录以来 10 月登陆广东省的最强台风，狂风暴雨造成广东省 410.8 万人受灾，直接经济损失 259.99 亿元；2013 年连续两个超强台风登陆广东，为历史罕见，其中“天兔”更是近 40 年来登陆粤东最强的台风，造成全省 981 万人受灾，30 人死亡，受灾农作物面积 24.96 万公顷，倒塌房屋 1.06 万间，直接经济损失 235.5 亿元。2008 年强台风“黑格比”是 1950 年以后登陆广东省的最强秋台，登陆时正逢当天高潮位，引发严重风暴潮，珠江口 7 个潮位站潮位达到或超过百年一遇，造成 26 人死亡，直接经济损失 113.8 亿元。

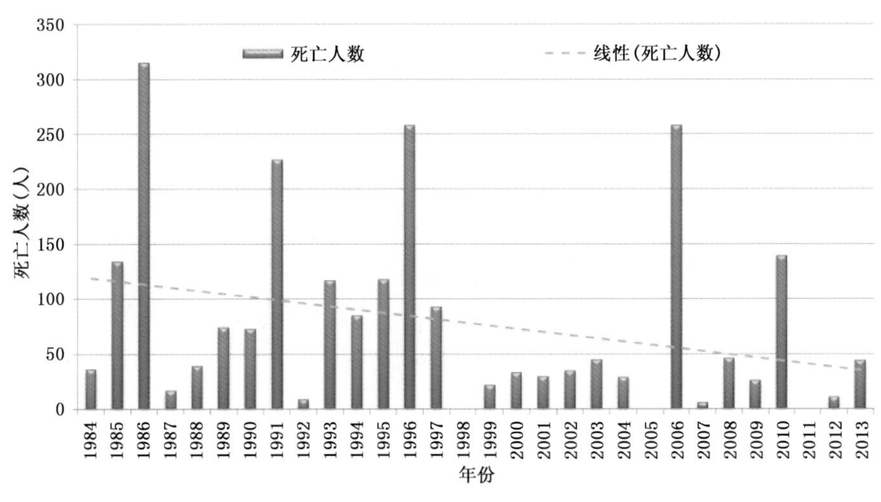

图 1.10　1984—2013 年广东省台风灾害死亡人数变化

加强台风灾害评估是台风灾害性天气监测预报和预警的有效延伸，是防台抗台的一个重要环节，对提高气象服务针对性和有效性、最大限度地减轻台风灾害带来的影响和损失具有重要意义。为此，广东省气候中心从 2004 年建立了层次分析法、综合影响指数法和历史相似个例法为主的台风灾害影响评估方法，并于 2010 年建成“广东省气象灾害评估系统”，实现了在 Web-GIS 平台上对广东省台风灾害影响的定量评估，为开展台风灾害的灾前预估、灾中动态评估、灾后评估及防灾减灾气象服务效益评估等业务提供技术支撑。2011 年开始主要发展基于影响的台风灾害风险评估技术，结合承灾体易损性分别研究了农业(水稻、橡胶、香蕉)、电力、水产等的大风致灾临界气象条件，结合暴雨洪涝淹没模型和风暴潮漫滩模型，对台风灾害的大风、暴雨、暴潮三个主要致灾因子影响下的不同承灾体分别进行风险评估，并在 2013 年以来的台风灾害风险评估业务中应用。

1.4.1.2　*方法*

广东省台风灾害评估主要包括两部分：台风灾害影响评估和台风灾害风险评估。主要技术框架见图 1.11。

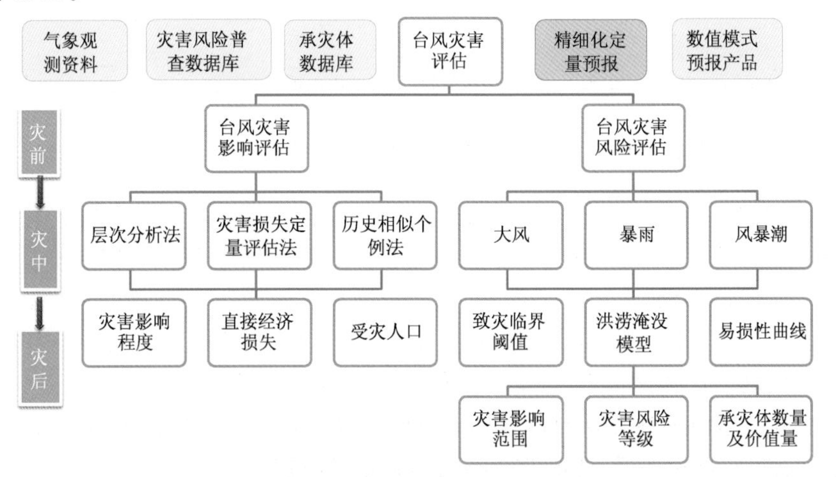

图 1.11　广东省台风灾害评估技术框架

在台风灾害风险普查的基础上，建立台风灾害风险普查数据库和主要承灾体数据库，利用广东省气象台的精细化定量预报、广东省区域数值天气预报重点实验室的数值模式预报等产品和气象观测资料，综合应用层次分析法、综合影响指数法和历史相似个例法，建立台风灾害影响评估模型，在灾前、灾中和灾后适时开展台风灾害的灾害影响程度、直接经济损失和受灾人口的定量评估；应用致灾临界条件、灾害模拟模型和易损性曲线对不同承灾体受台风灾害的影响范围、灾害风险等级和承灾体损失进行风险评估，并在此基础上开展台风灾害风险预警服务。台风灾害影响评估在灾前预判台风整体影响程度方面具有优势，而台风灾害风险评估在台风灾害临近时对不同承灾体的风险开展精细定量评估，提高了台风防御的针对性和有效性，可以最大限度地减轻台风灾害带来的影响和损失。

(1)台风灾害影响评估方法

①历史相似个例法

历史相似个例法的主要思路是在历史台风资料库中查找出与所评估台风的强度、移动路径、移动速度、登陆位置、登陆时间等相似的若干个例，根据相似程度对相似个例的灾损资料进行必要的订正，最后对相似个例订正后的灾损资料进行加权求和便得到所评估台风的可能灾损值。

②层次分析法

层次分析法(Analytical Hierarchy Process，简称 AHP)是美国著名运筹学家 Saaty 教授提出的一种新的定性分析与定量分析相结合的决策评价方法。应用层次分析法可以按评估因素和各因素间的相互关系把参与评估的指标进行分层，建立一种分析结构，使指标体系条理化，从而达到评估的目的。

虽然台风有带来降水和解除旱象的积极作用，但其实质上是一个高影响事件，在其活动过程中，伴随有狂风、暴雨、巨浪和风暴潮等现象，具有很大的破坏力。台风灾害影响的大小不仅取决于其本身的强度大小及其致灾因子(降水、大风和风暴潮)，还与其登陆地点和影响区域的社会经济发展状况有关。根据层次分析法并遵循上述构建原则，可以把台风—社会经济—致灾因子归结成一个层次体系，该体系由目标层、影响层、指标层三个层次构成。图 1.12 给出了台风灾害影响评估指标体系的总体框架。

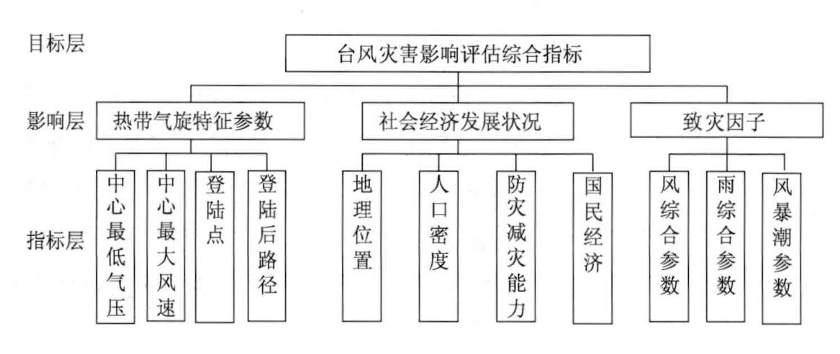

图 1.12　台风灾害影响评估指标体系的总体框架

台风灾害影响评估指标中登陆及影响严重的台风，其强度和位置特征主要包括中心最低气压、中心最大风速、登陆地点、登陆后的移动路径等；台风的致灾因子(风、雨、潮)主要包括能反映风、雨强度以及持续时间和影响范围的过程最大风速、过程极大风速、6 级以上大风出现的站日数、过程最大雨量、最大日雨量、暴雨以上站日数、风暴增水高度等 10 余个指标；社会经济发展状况主要考虑了地形地貌、人口分布、GDP和防灾减灾能力等。利用专家打分法确定一个指标权重，建立台风灾害影响评估模式(图1.13)。

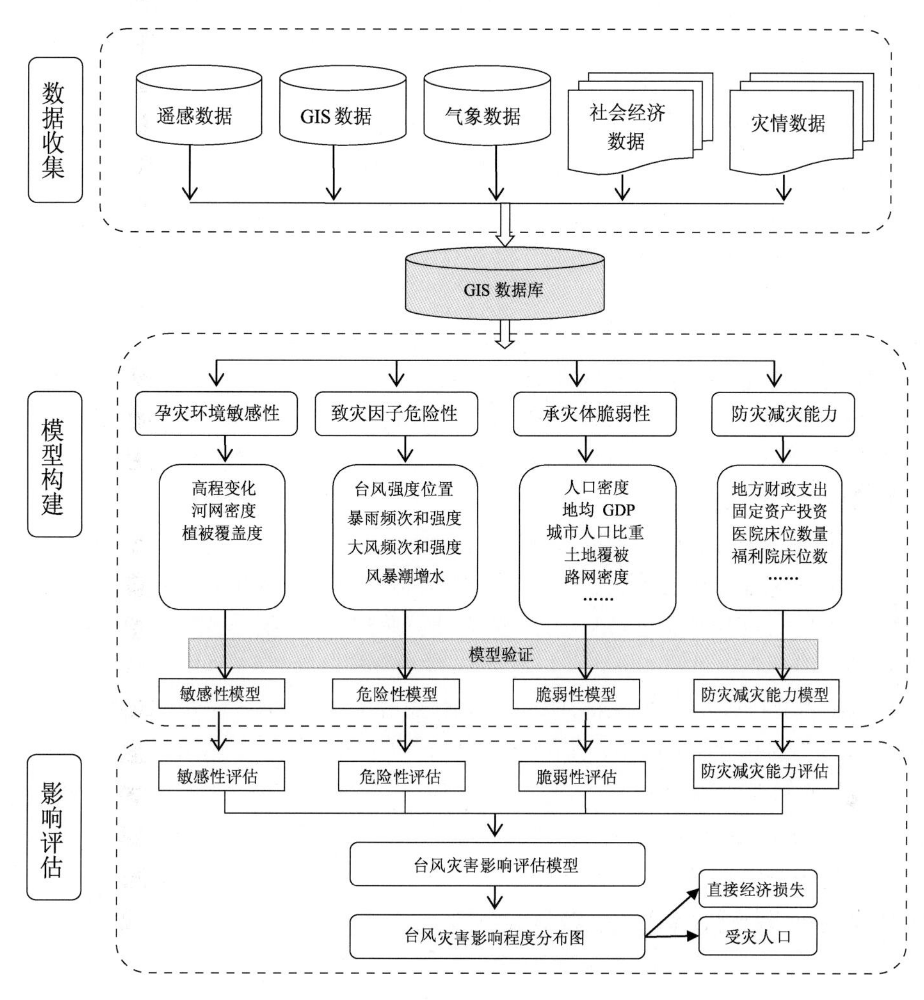

图1.13　台风灾害影响评估技术路线

台风综合影响指数综合考虑了台风强度、位置和致灾因子，是评估台风致灾危险性的重要指标，其表达式为

$$Index = -B_1 \times Press + B_2 \times L_{index} + B_3 \times W_{index} + B_4 \times R_{index} + B_5 \times S_{index} \quad (1.1)$$

式中，$Press$ 为台风强度指数；L_{index} 为台风路径指数；W_{index} 为风综合指数；R_{index} 为雨综合指数；S_{index} 为潮综合指数；B_1、B_2、B_3、B_4、B_5 为权重系数。

根据台风灾害评估指标体系、台风灾害影响评估模式，计算台风灾害的综合影响指数，根据台风灾害综合影响指数分布(图1.14)，结合历史上台风灾害的灾情影响，确定灾害影响程度等级标准(表1.2)，划分台风灾害影响程度(表1.3)。

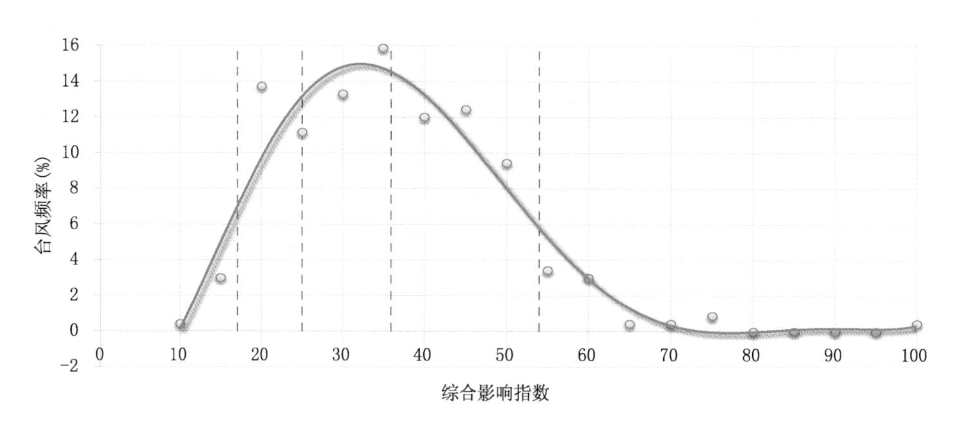

图 1.14 广东省历史台风灾害综合影响指数分布

表 1.2 台风灾害影响评估等级划分

灾害影响程度	综合影响指数	灾害描述
轻微	≤15	影响很轻，局部有风雨影响，也有可能利大于弊
较轻	16～26	影响较轻，局部可能受灾，但经济损失和人员伤亡小
中等	27～40	影响的范围大或局部明显受灾，有明显灾害损失
较重	41～54	影响范围大或对社会、经济造成较重影响或人员伤亡
严重	≥55	影响范围大或对社会、经济造成重大影响或人员伤亡

表 1.3 广东省历史上影响程度前 5 位的台风灾害

序号	台风编号	中文名字	综合影响指数	影响程度
1	1409	威马逊	92.9	严重
2	9615	莎莉	72.9	严重
3	6903		71.3	严重
4	1319	天兔	70.0	严重
5	0814	黑格比	62.1	严重

③灾害损失定量评估

利用计量经济学法，建立台风综合影响指数和承灾体易损性之间的动态模型，致灾因子危险性指标主要考虑灾害的频率指标、强度指标等；受灾体易损性指标所包含的社会经济指标主要是人口密度和经济密度、基础设施等。

$$R = \beta_0 + \beta_1 \cdot R_0 + \beta_2 R_1 + \varepsilon \quad (1.2)$$

$$R_1 = \alpha \cdot V_1 + \beta \cdot V_2 + \gamma \cdot V_3 + \eta \cdot V_4 + \lambda \cdot V_5 \quad (1.3)$$

式中，R 为直接经济损失；R_0 为致灾因子综合影响指数；R_1 为潜在易损性综合指数；V_1 为经济总量(GDP)；V_2 为地均 GDP；V_3 为人口密度；V_4 为第一产业比重；V_5 为耕地面积占土地面积的比重；β_0、β_1、β_2、ε、α、β、γ、η、λ 为系数。

(2)台风灾害风险评估方法

①致灾临界条件法

通过历史台风灾情资料收集、查阅文献和实地调查，基于台风灾害历史典型案例，分别研究台风带来的大风、暴雨和风暴潮对电力(输电线路)、农业(水稻、香蕉、橡胶)、风电场等的影响，确定台风对不同承灾体的致灾临界条件和阈值。根据致灾临界阈值开展台风灾害风险评估和风险预警。

以水稻致灾临界条件确定为例。台风对水稻的影响在不同生育期是不同的，如抽穗开花期遇到台风带来的暴雨会影响开花授粉，造成减产，如乳熟期大风遇到台风，更容易出现倒伏，因此，在确定水稻致灾临界条件时，综合考虑了在水稻不同生育期，受到不同强度的台风和台风带来的降水影响等对产量的影响，台风导致的水稻减产率为

$$L=(W+R)\times K$$

式中，L 为台风导致的水稻减产率；W 为"风"导致的减产率；R 为"雨"导致的减产率；K 为系数，K 通过风雨导致的水稻减产率，利用反推法算出 $K=0.8$。不同强度台风登陆对水稻影响的致灾临界阈值见表1.4和表1.5。

表1.4　台风(热带风暴及强热带风暴级别)登陆导致的水稻减产率

雨量 R (mm)	单产与上年单产值相比减产(%)		
	前期	中期	后期
	4月至5月上旬 7月下旬至8月下旬	5月中旬至6月5日 9月上旬至9月25日	6月6日至7月中旬 9月26日至11月上旬
≤325	0～4(轻等)	0～4(轻等)	5～7(中等)
326～550	0～4(轻等)	5～7(中等)	8～10(重等)
551～900	0～4(轻等)	5～7(中等)	8～11(重等)

表1.5　台风(台风级别)登陆导致的水稻减产率

雨量 R (mm)	单产与上年单产值相比减产(%)		
	前期	中期	后期
	4月至5月上旬 7月下旬至8月下旬	5月中旬至6月5日 9月上旬至9月25日	6月6日至7月中旬 9月26日至11月上旬
≤325	0～4(轻等)	5～7(中等)	8～12(重等)
326～550	0～4(轻等)	5～7(中等)	8～14(重等)
551～900	0～4(轻等)	8～10(重等)	11～15(重等)

注：减产率0～4(轻等)；5～7(中等)；≥8%为重等。雨量表示台风登陆前后出现大雨以上时间段的雨量累积。

②洪涝淹没模型法

对于台风暴雨引发的山洪、中小河流洪水和城市内涝可使用合适的水文、水动力模型等开展洪涝淹没模拟，开展台风暴雨的风险评估。广东省气象局进行台风暴雨洪涝评估时主要采用Floodarea淹没模型开展山洪淹没模拟，采用HBV水文模型结合ANN神经网络模型开展中小河流洪水模拟，采用城市积涝淹没模型开展城市内涝淹没模拟。以降水监测、预报及评估流域的地理信息为基础，利用暴雨洪涝淹没模型计算评估区域的淹没范围及水深，结合承灾体(如人口、农作物、交通、电力、房屋、商业、水利设施等)的耐淹水深和历时，对评估区域内主要承灾体的风险级别进行评估和界定。

以2010年1011号超强台风“凡亚比”引发“9·21”茂名特大山洪过程为例，利用水动力模型模拟不同降水时长下洪涝灾害的动态淹没图。2010年9月21日，茂名高州市马贵镇9月21日12小时内录得累计降雨681.5 mm，达到1000年一遇，引发特大山洪过程。从模拟淹没结果(图1.15)与实际淹没对比的结果来看，在淹没范围、深度和洪水演进时间上都与实际淹没灾情比较吻合，结合马贵河流域的人口、经济、农作物和居民点的分布，估算灾情损失和影响。

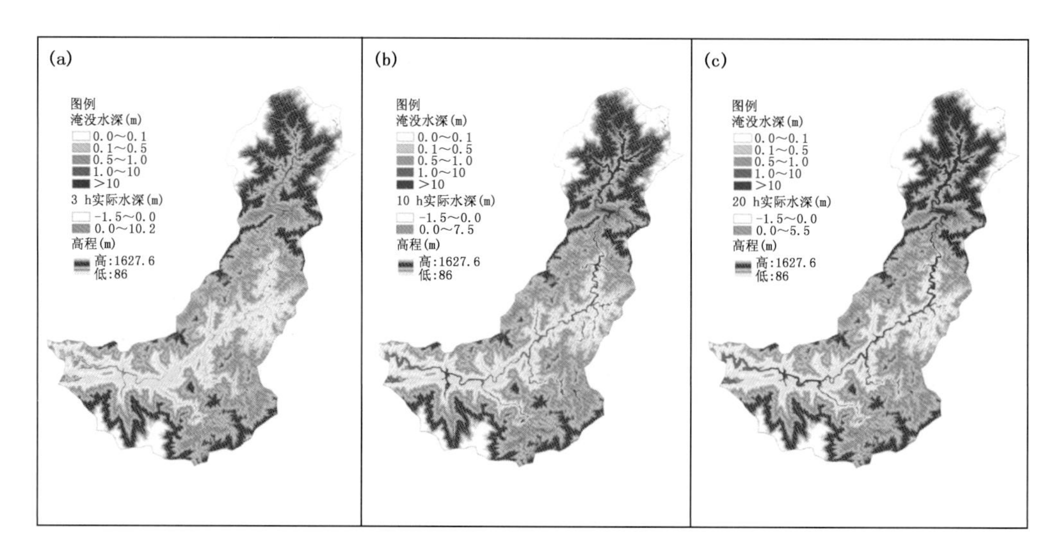

图1.15 “9·21”茂名高州市马贵河流域特大山洪过程模拟

(a)3 h;(b)10 h;(c)20 h

③风暴潮漫滩模型

采用天文潮调和分析方法预报逐日天文潮的变化，叠加广州风暴潮数值模式(GZSSM_V1.0)生成的台风期间增水预报产品，合成总潮位，然后采用Wang等(2016)建立的洪水淹没模型模拟漫滩过程，并结合人口、经济、农作物、居民点等主要承灾体分布情况，分析和预测台风暴潮灾害事件影响。

2016年1604号台风“妮妲”8月2日以强台风级别在深圳登陆，根据GZSSM_V1.0的风暴增水预报(图1.16)，利用风暴潮漫滩模型，模拟台风“妮妲”可能造成的风暴潮漫滩的影响(图1.17)，开展风暴潮风险评估。

1.4.1.3 应用情况

以“威马逊”台风为例，介绍广东省台风灾害评估业务的应用。第1409号超强台风“威马逊”2013年7月18日19时30分在徐闻县龙塘镇沿海地区再次登陆，登陆时中心附近最大风力>17级(62 m/s)，最低气压910 hPa，是1949年以来登陆广东的最强台风。“威马逊”具有“移速快、强度特强、路径稳定、破坏力大”的特点。受“威马逊”影响，18日中午到19日上午，粤西海面和沿海市(县)出现了13～15级、最大阵风16～17级的大风，并持续约18个小时，其中18日徐闻县下桥镇测得最大阵风17级(59.8 m/s)；18日16—17时，茂名浮标站测到14.1 m的最大浪高。18日到19日上午，粤西出现暴雨到大暴雨，粤东和珠江三角洲出现大雨到局部大暴雨(图1.18)。“威马逊”造成湛江、茂名、阳江、云浮4市受灾。

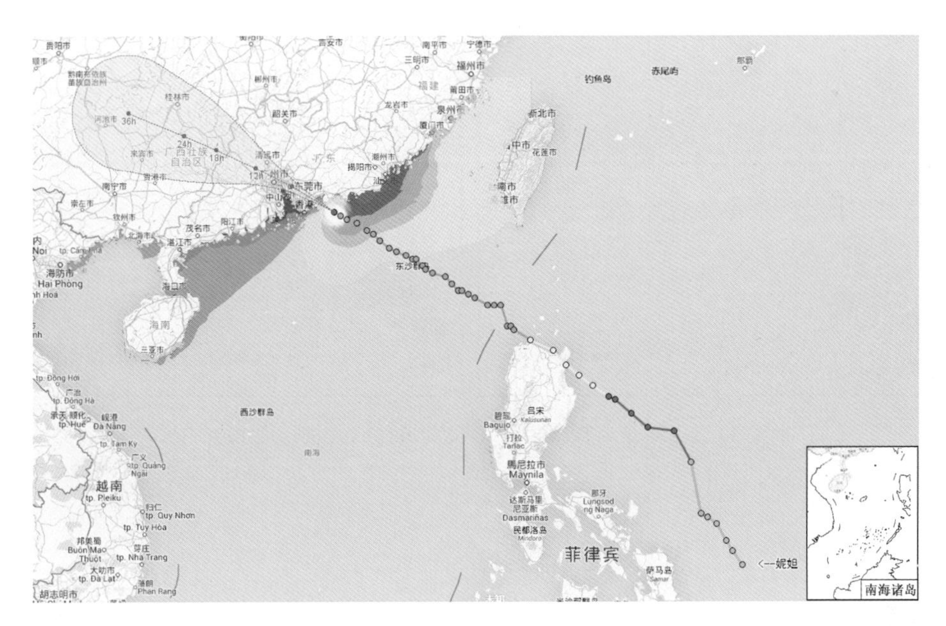

图1.16　2016年8月2日02时1604号台风“妮妲”风暴增水预报(GZSSM_V1.0)

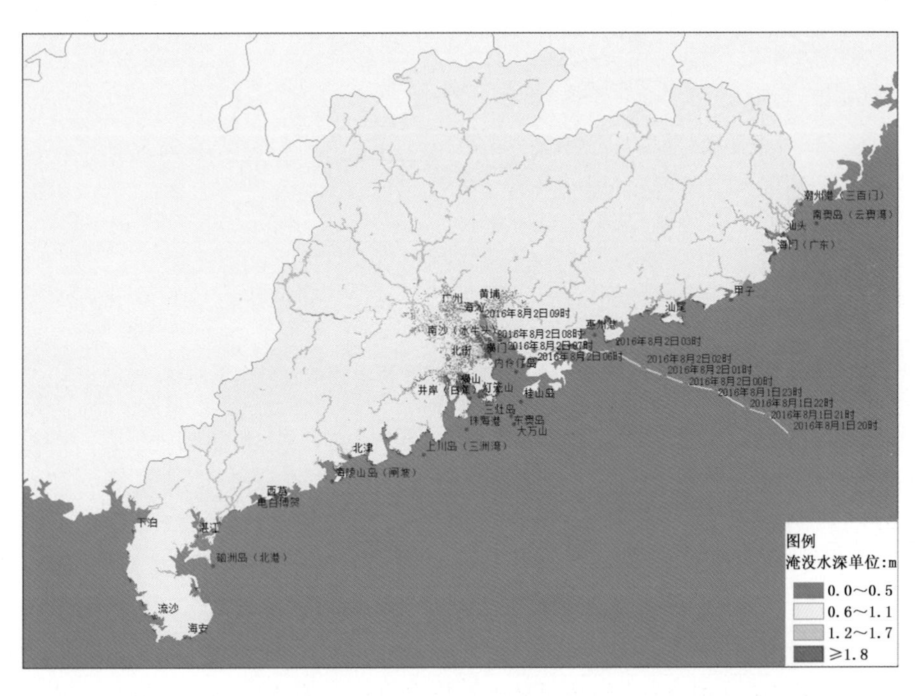

图1.17　2016年8月2日09时1604号台风“妮妲”风暴潮漫滩预估

广东省气候中心适时对“威马逊”开展了灾前、灾中和灾后的台风灾害评估工作,先后制作发布5期评估报告。

通过历史相似台风法对“威马逊”进行灾前预估。根据历史相似路径、强度、登陆地点和可能影响范围等多方面因素考虑,确定了与超强台风“威马逊”相似的历史台风个例有9615号强台风“莎莉”、7314号超强台风“玛琪”和0608号超强台风“桑美”(图1.19)。

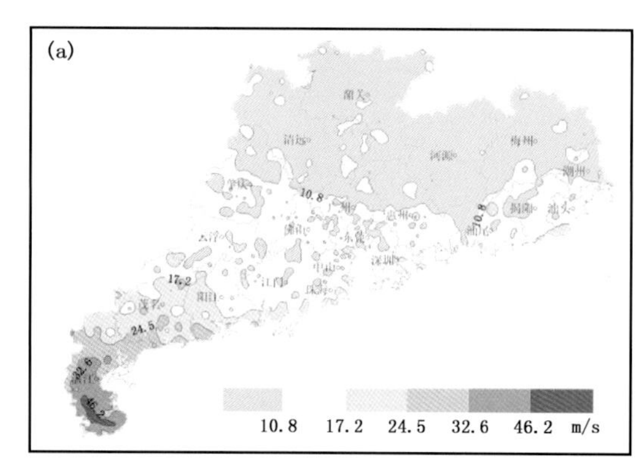

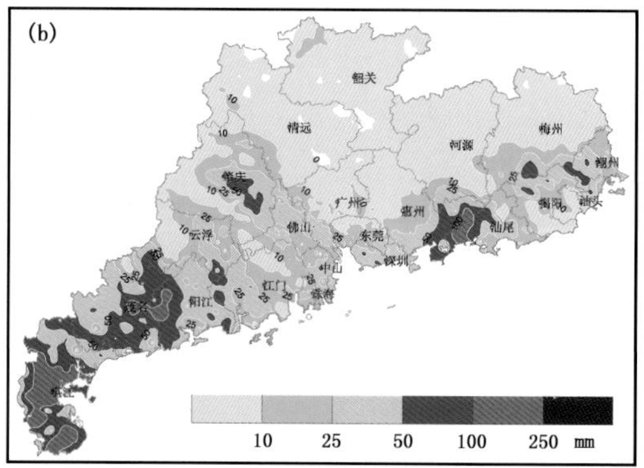

图 1.18　2014 年 7 月 18—19 日极大风速(a)和降水量分布(b)

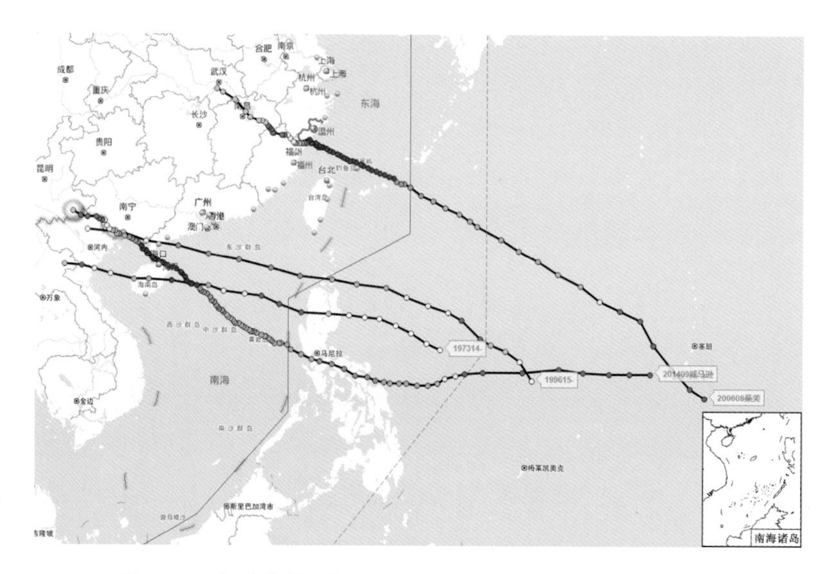

图 1.19　超强台风"威马逊" 路径及历史相似台风个例路径

超强台风"威马逊"为新中国成立以来登陆我国的最强台风，其影响程度预计与 9615 号强台风"莎莉"相当。与 9615 号台风"莎莉"(强台风级)相比，"威马逊"强度更强，但"威马逊"从徐闻南端登陆后，沿西北行，台风覆盖的地方大部分是海洋，影响地区没有"莎莉"广，且预测预报精细，预警应急及时，防御部署早，因此评估"威马逊"的灾损影响不会强于"莎莉"(表 1.6)。

表 1.6　超强台风"威马逊"历史相似台风个例损失

台风编号	0608"桑美"	9615 "莎莉"	7314 "玛琪"
直接经济损失(亿元)(2010 年价)	145.6	194.8	49.5
农作物受灾面积(万公顷)	10.32	44.4	3.73
死亡人数(人)	204	216	926
登陆/近陆地点	浙江	湛江	海南
登陆/近陆时间	2006-08-10	1996-09-09	1973-09-14
登陆/近陆后移动方向	—	WNW	W
登陆/近陆时中心最低气压(hPa)	920	935	925
登陆/近陆时中心附近最大风速(m/s)	60	50	60
登陆/近陆时强度级别	超强台风	强台风	超强台风

灾中结合台风的强度和风、雨预报，根据台风灾害影响评估模式开展灾中跟踪评估，综合考虑台风的风雨影响，根据层次分析法构建影响评估指标体系，计算台风灾害综合影响指数，评估超强台风“威马逊”将对湛江造成严重影响，阳江、茂名影响程度为中等(图 1.20)，在一般防御措施下，受灾人口 250 万～400 万人，直接经济损失 150 亿～200 亿元，农作物受灾面积 15 万～30 万公顷(定量评估见表 1.7)。

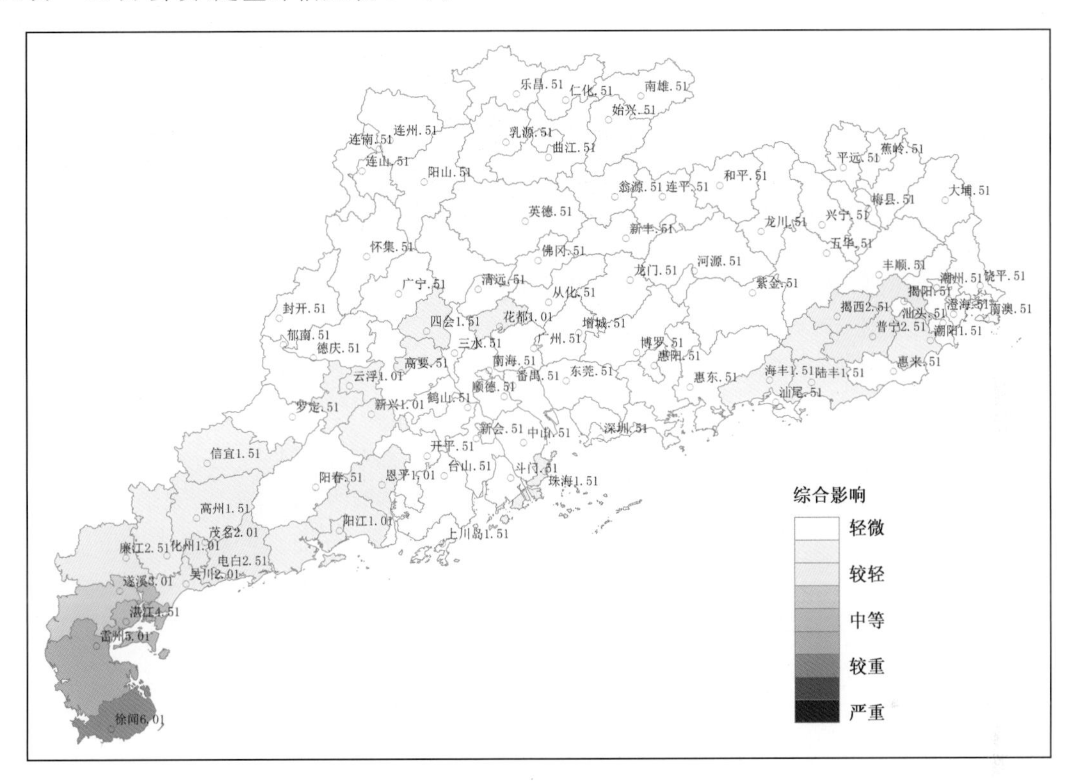

图 1.20　超强台风“威马逊”灾害影响评估分布

表 1.7　“威马逊”受灾地市灾害损失定量评估

受灾地市	灾害影响程度	受灾人口(人)	直接经济损失(亿元)	农作物受灾面积(千公顷)
阳江市		11.9	3.3	11.1
市　区	中等	4.0	1.7	1.6
阳东县	中等	2.6	0.9	5.5
阳西县	中等	5.3	0.7	3.9
湛江市		242.0	159.1	141.2
市　区	中等	40.7	20.2	4.0
雷州市	严重	28.5	30.1	44.6
廉江市	中等	7.4	6.0	9.0
吴川市	严重	38.6	27.8	11.1
遂溪县	较重	8.6	9.3	14.9
徐闻县	特别严重	118.1	65.8	57.5

续表

受灾地市	灾害影响程度	受灾人口(人)	直接经济损失(亿元)	农作物受灾面积(千公顷)
茂名市		17.2	10.8	13.1
市　区	轻微	2.2	0.7	0.4
信宜市	轻微	2.2	0.7	0.8
高州市	轻微	2.6	0.8	1.2
化州市	较轻	3.5	1.8	3.5
电白县	中等	6.6	6.9	7.2
合计		271.1	173.3	165.3
实际灾损		263.3	158.6	226.4

超强台风“威马逊”带来的强风、暴雨和风暴潮将会给中西部地区，尤其是粤西地区的工业、农业、电力、交通、水利设施等各方面造成严重影响。

工业方面：强风及风暴潮可能造成粤西沿海地区石油、化工等工矿企业的生产设施受损，造成停产。

农业方面：目前广东省早稻大部分地区已完成收获，北部局部尚待收割；晚稻北部及西南大部已出苗；荔枝大部分地区已完成收获，龙眼陆续进入成熟期。“威马逊”带来的强风可能导致香蕉、甘蔗等高秆作物倒伏或折断，荔枝、龙眼等裂果或落果，强降水可能造成农田受淹，造成作物减产(图 1.21a～c)。

养殖业方面：强风及风暴潮可能造成近海养殖的鱼类死亡，网箱、鱼排等养殖设施漂失或沉没，强降水可能造成中西部沿海地区的鱼、虾塘受淹。

电力方面：超强台风“威马逊”带来的强风可能造成中西部沿海地区大面积电力倒杆、输电线路和风电场受损，从而导致供电中断(图 1.21d)。

交通方面：强风可能导致道路标志倒塌、道路两侧大树折断，强降水可能造成道路受淹、冲毁等，港口设施可能受损。

此外，强降水还可能造成部分地区出现城镇内涝、山洪暴发，引发山体滑坡、泥石流等地质灾害，水库、堤防等水利设施也将会受到严重影响。

实际灾情：受灾人口 264.7 万人；农作物受灾面积 22.86 万公顷，其中绝收面积 10.97 万公顷；倒塌房屋 4841 间，5 万余间房屋不同程度损坏；造成全省直接经济损失达 158.6 亿元，其中粤西直接经济损失 130.19 亿元。湛江市直接经济损失达 127.3 亿元。徐闻、雷州两县(市)受灾最为严重，台风所到之处，村庄房屋严重倒塌；供电线路被毁，全面停电断水；通信线路全部瘫痪，手机、固话失联；公路严重损毁，交通中断；海堤多处决堤，沿海滩涂全部淹没，虾塘全部受淹，水产养殖损失惨重；公路两侧及城区大部分路灯、树木连根拔起，路面积水严重，车辆人员无法通行。雷州半岛香蕉、甘蔗等农作物大面积被毁，农业受到重创。

1.4.1.4 需要改进之处

台风灾害风险评估一方面需要更多领域的临界致灾指标，对灾害模拟的模型还比较简单，还需要不断地完善；另一方面还需要加强承灾体灾损曲线的研究，提高对风险的预判。此外，还需要对沿海地区台风灾害的隐患点进行评估，提高灾害防御的针对性和有效性。还需尽快

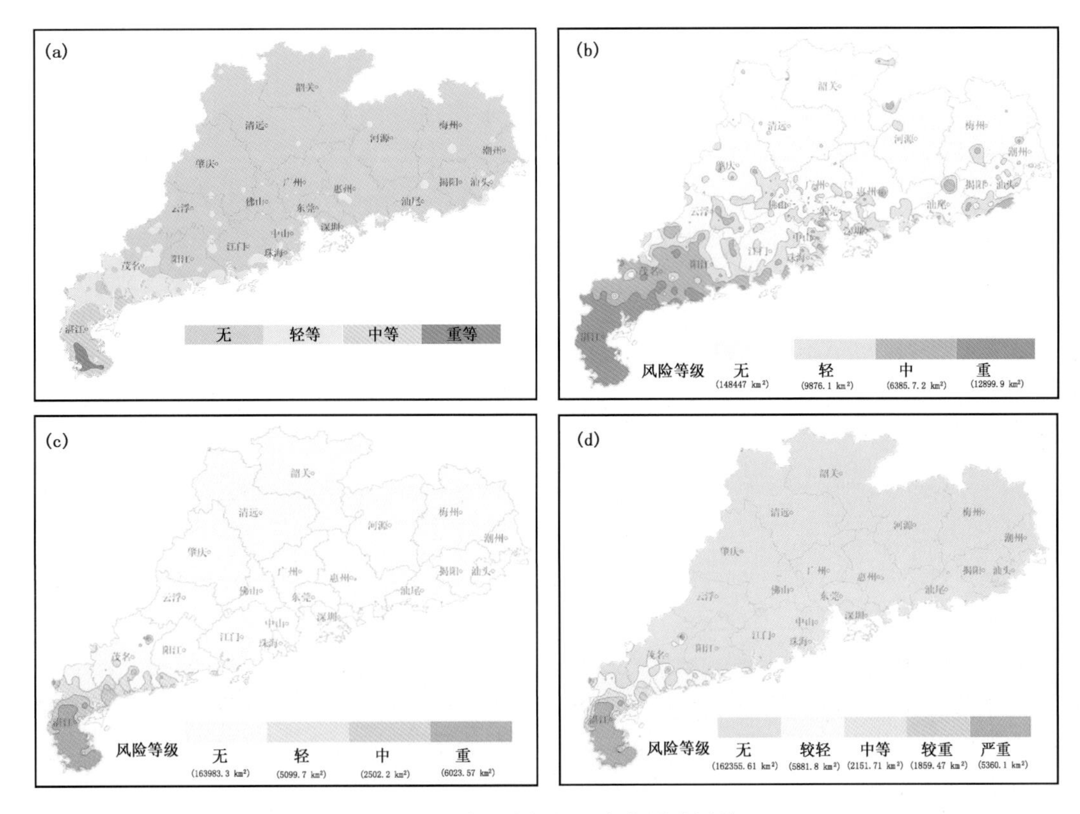

图 1.21　台风“威马逊”灾害风险评估

(a)早稻;(b)香蕉;(c)橡胶;(d)10～220 kV 电网

建成台风灾害风险评估系统,综合台风评估的各种模式和指标,为台风灾害风险评估业务提供支撑。

1.4.2　浙江省气象局

浙江省气象局所研制的台风灾害风险等评估方法和台风灾害损失评估方法于2009年投入业务应用,并先后用于有关台风灾害评估的决策气象服务报告中,收到了良好的效果。但由于建模时,历史灾情资料的精度存在一定问题,因此,由模型推演出来的结果与实际情况还存在着一定的误差。可以预期,随着灾情透明度的进一步提高和灾情资料的积累,灾情资料的准确性会越来越高,其对模型的修正将会起到积极的作用。

1.4.2.1　台风灾害构成体系及评估流程

台风灾害,由致灾因子、孕灾环境、承灾体三方面组成,灾情是这个系统中各子系统相互作用的结果。因此,在台风灾害业务评估中,厘清构成台风灾害的评估因子及其评估方法,是实现台风灾害评估业务的重要前提。

下面的框图中(图1.22)给出了台风灾害评估的业务流程。

评估流程图中含义如下:

(1)分析气象致灾因子、孕灾环境和灾情的关系,建立致灾强度模型和指标,进行危险性评估,可用于气象灾害的识别、监测以及预警,另一方面也是风险评估的中间环节。

(2)分析承灾体特性、灾情关系,进行承灾体脆弱性分析,得出脆弱性曲线。脆弱性曲线可以直接应用在规划、设计标准中,也是风险评估的中间环节。

(3)分析致灾因子、孕灾环境、承灾体与灾情的关系,建立致灾风险函数,做风险等级评估,方法、资料精确到一定程度,可做有意义的损失定量预评估。

(4)浙江省气象局气象台根据服务需求及目前气象部门的业务能力,开展了精细化(格点)台风灾害风险区划(本书不做介绍)、风险等级评估及以县为单位的损失预评估等研究,其中,精细化风险区划在政府的防灾减灾战略、规划等中进行了应用;精细化风险等级评估在台风影响预报中进行应用,并已业务化。定量损失预评估由于尚未达到一定精度属于半业务化状态。

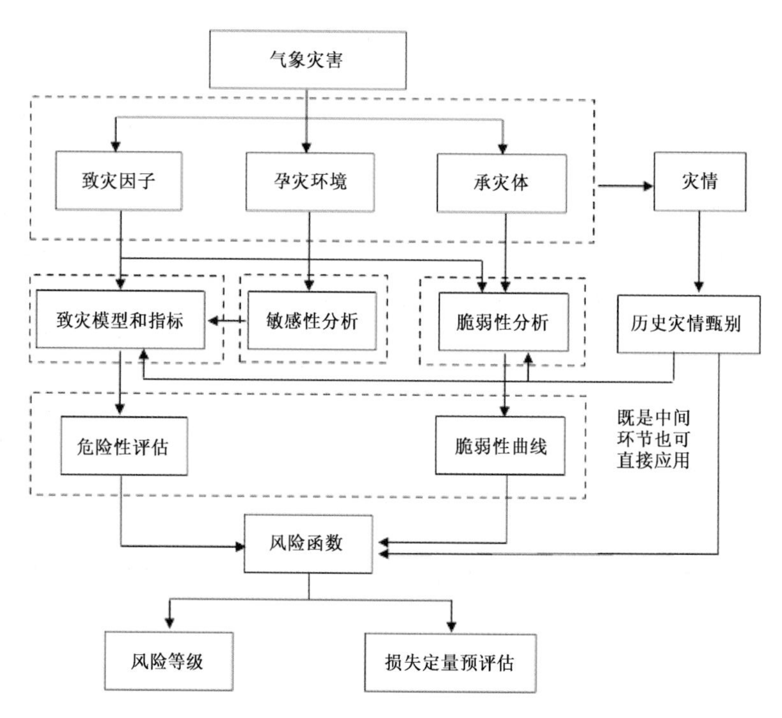

图 1.22　台风灾害评估流程图

1.4.2.2　台风灾害风险等级评估方法

评估模型利用了典型分析等数理统计方法,考虑因子主要有大风、暴雨、风暴潮。区域评估还要考虑影响范围。

(1)风雨综合强度指数

热带气旋对某地产生影响时,一般都会带来狂风和暴雨。狂风会吹毁房屋,破坏沿海养殖业、电力和通信设施,毁坏市政建设等;暴雨导致山洪、内涝、泥石流、滑坡等次生灾害。当大风、暴雨达到一定临界值时,会产生叠加效应,如滑坡、泥石流等地质灾害主要由降水产生,但台风带来的持续长时间狂风对树木的猛烈摇拔作用,使土壤松散、间隙加大,降水渗入量增大,从而加剧了强降水对地质灾害的触发作用。房屋倒塌主要由大风造成,但降水加剧了房屋倒塌的可能。另外,通过灾情资料分析可知,某地过程降水量在 25 mm 以下和过程风力在 7 级以下时,基本不会有危害。

据上分析，参考专家经验，同时考虑降水和大风在数量级别上存在差异的问题，风雨综合强度模型设计如下：

$$\begin{cases} x = 0 & (R < 25) \\ x = \dfrac{R}{50} + 1 & (25 \leqslant R \leqslant 300) \\ x = 7 & (R > 300) \end{cases} \tag{1.4}$$

$$\begin{cases} y = 0 & (f < 13.6) \\ y = \dfrac{f - 13.6}{3.8} + 1 & (13.6 \leqslant f \leqslant 36.4) \\ y = 7 & (f > 36.4) \end{cases} \tag{1.5}$$

$$I = A\frac{x}{7} + B\frac{y}{7} \tag{1.6}$$

式中，R 为某地过程降水量，单位 mm；f 为某地过程极大风速，单位 m/s；I 为某地风雨综合强度指数；A、B 为权重系数。

系数 A、B 由典型相关分析确定。典型相关分析的要点就是从两组变量中分别分离出线性组合的新变量，使得新变量间相关系数达最大。可以这样理解，热带气旋致灾因子作为一组变量，灾情作为另一组变量，在最大典型相关系数条件下，致灾因子的线性组合系数（典型变量系数）可以作为该组变量的权重系数。利用 200 个个例通过典型相关分析确定 A、B 系数。在人员伤亡中，致灾因子典型变量系数 A_1（暴雨）为 0.5935，B_1（大风）为 0.7468；在经济损失中，A_2（暴雨）为 0.7114，B_2（大风）为 0.6218。虽然典型相关系数不大，但均通过了显著性检验，因此可以做权重判别。将上述两种相应典型变量系数进行平均，即 $A = (A_1 + A_2)/2$，$B = (B_1 + B_2)/2$，得出最终大风与降水权重系数，具体见表 1.8。

表 1.8　典型相关分析参数及风雨权重系数

致灾形式	典型相关系数	P 值（显著水平）	典型变量系数	
			暴雨（A）	大风（B）
人员伤亡	0.3734	0.0012	0.5935（A_1）	0.7468（B_1）
经济损失	0.4307	0.0001	0.7114（A_2）	0.6218（B_2）
最终结果	暴雨权重系数 A=0.6525，大风权重系数 B=0.6843			

（2）风暴潮指标

风暴潮危害不仅与潮位有关，还与海湾地貌、海塘设计标准有关。高潮位会加重沿海地区的暴雨致洪危害，而异常高潮位会导致海堤溃决、潮水漫溢，冲毁房屋和各类基础设施，淹没城镇和农田，造成的损失无法估量，更甚狂风和暴雨的危害。另外，对风暴潮脆弱和敏感的区域主要是沿海地区，内陆不受影响。风暴潮观测站点密度较风雨观测站稀疏，很难与风雨资料匹配使用。因此，风暴潮指标主要通过历史灾情反演，进行定性分析。具体指标定义见表 1.9。

表 1.9 风暴潮影响指标

风暴潮性质	潮位或灾情
严重影响	超出警戒潮位 80 cm 以上，或发生大范围的堤塘溃决，城镇、农田淹没等
较严重影响	超出警戒潮位 30～80 cm，或发生局部城镇、农田淹没等
一般影响	超出警戒潮位 30 cm 以下，或发生因潮水漫溢造成的局部涝灾

(3)风险等级指标

①分区

选取海拔高度、地形起伏情况、江河水网密度以及地质条件等作为浙江台风孕灾环境因子，选取人口密度(人口/土地面积)、地均 GDP(GDP/土地面积)、农业密集程度(耕地面积/土地面积)等作为台风灾害的主要承灾体。利用两维图论聚类方法将浙江台风影响的下垫面进行了分区，分区结果见表 1.10。

表 1.10 浙江台风影响下垫面分区

区域名	包含的县(市、区)
浙北区	湖州、德清、长兴、安吉、嘉兴、嘉善、海宁、桐乡、海盐、杭州、萧山、桐庐、富阳、绍兴、上虞、诸暨、嵊州、新昌、余姚、奉化
沿海海岛区	温州、永嘉、洞头、乐清、瑞安、平阳、苍南、台州、玉环、温岭、临海、三门、宁波、象山、宁海、慈溪、舟山、岱山、嵊泗、平湖
浙南区	丽水、缙云、青田、景宁、庆元、龙泉、松阳、云和、遂昌、文成、泰顺、天台、仙居、义乌、东阳、永康、磐安
浙西区	临安、建德、淳安、衢州、龙游、常山、开化、江山、金华、浦江、兰溪、武义

②风险等级阈值确定

风险等级阈值分四步进行。

第一步，用典型气象站影响台风的风雨综合强度指数划分。浙东南沿海地区受热带气旋影响较频繁，挑选资料序列较长的温州、椒江两个观测站，利用风雨综合强度计算公式分别计算两地每个影响台风的风雨综合强度指数(I)。温州影响台风个例 174 个，椒江影响台风个例 168 个，资料样本共 342 例。利用有序样本最优分割法将风雨综合强度指数分为 5 个等级，I 对应的临界指数分别为 0.23、0.38、0.55、0.75、1.0。

第二步，结合灾情分析，划分致灾等级。由于年代久远的灾情资料可靠性较差，因此选取了 1998 年以来的以县为单位的灾情样本 430 例。首先将 430 例灾情样本划分等级，等级指标主要由死亡人数和直接经济损失确定，直接经济损失取相对值(即占当年 GDP 比值)，经济损失等级划分以样本资料为基础，采用“有序样本最优分割法”划分，死亡人数等级通过咨询专家确定，具体指标见表 1.11。430 例灾情样本根据表 1.12 的指标按照就高原则划分为 5 个等级，即轻灾、中度灾、较重灾、严重灾、特重灾。利用台风风雨综合强度公式计算 430 个样本的台风风雨强度综合指数，再用灾情等级资料和风雨综合强度指数资料做聚类分析(最优分割法)，5 个级别的暴雨强度指数分级值分别为：0.4086、0.6089、0.8379、1.1505，即 $I<0.4086$ 对应“轻灾”，$0.4086\leqslant I<0.6089$ 对应“中度灾”，$0.6089\leqslant I<0.8379$ 对应“较重灾”，$0.8379\leqslant I<1.1505$ 对应“严重灾”，$I\geqslant1.1505$ 对应“特重灾”。结合分析上述两者结果，确定风雨综合

强度致灾等级为1级($I \geqslant 1.0$)、2级($0.8 \leqslant I < 1.0$)、3级($0.6 \leqslant I < 0.8$)、4级($0.4 \leqslant I < 0.6$)、5级($0.2 \leqslant I < 0.4$)。

表1.11　以县为单位的台风灾情等级评估指标

灾情等级	死亡人数(人)	直接经济损失占当年GDP比值(%)
轻灾	0	<0.5
中度灾	1(含)~3	0.5(含)~2
较重灾	3(含)~10	2(含)~5
严重灾	10(含)~30	5(含)~10
特重灾	>30(含)	>10(含)

第三步,利用430个个例的风雨情况和灾情,分区确定致灾等级指标,见表1.12。

表1.12　台风风险等级评估指标

风险等级	浙北平原(*I*)	浙南和浙西山区(*I*)	沿海海岛		对应灾情等级
			(*I*)	风暴潮	
6	<0.25	<0.2	<0.3	无	基本无灾
5	0.25(含)~0.45	0.2(含)~0.4	0.3(含)~0.5	无	轻灾
4	0.45(含)~0.65	0.4(含)~0.6	0.5(含)~0.7	无	中度灾
3	0.65(含)~0.85	0.6(含)~0.8	0.7(含)~0.9	一般	较重灾
2	0.85(含)~1.05	0.8(含)~1.0	0.9(含)~1.1	较严重	严重灾
1	>1.05(含)	>1.0(含)	>1.1(含)	严重	特重灾

第四步,考虑孕灾环境的修正模型。为了台风精细化评估的合理性,对上述的评估模型增加地理地貌的修正因子。地理环境因子主要考虑海拔高度、地形起伏度、水系、地质灾害易发程度等。地理环境影响度,采用加权综合评价法(WCA)进行综合评价。

修正后的台风风雨致灾指数模型为

$$I = (1 + \bar{I}_e) I_f \tag{1.7}$$

式中,I为致灾指数;$\bar{I}_e$为孕灾环境修正系数(浙江省其取值为$-0.2 \sim 0.2$);I_f为台风风雨强度系数。

③区域风险等级指标

根据历史灾情资料,区域风险等级评估指标如下:

1级:评估区域内,$I \geqslant 0.6$的面积达30%以上,并且$I \geqslant 1.0$的面积达10%以上或者发生严重的风暴潮。

2级:评估区域内,$I \geqslant 0.6$的面积达30%以上,并且$I \geqslant 0.8$的面积达10%以上或者发生较严重的风暴潮。

3级:评估区域内,$I \geqslant 0.4$的面积达30%以上,并且$I \geqslant 0.6$的面积达10%以上或者发生一般风暴潮。

4级:评估区域内,$I \geqslant 0.2$的面积达30%以上,并且$I \geqslant 0.4$的面积达10%以上。

5级:评估区域内,$I \geqslant 0.2$的面积达10%以上。

6级(基本无危害):评估区域内,$I \geqslant 0.2$的面积不足10%。

1.4.2.3　台风灾害损失预评估方法

评估项目：农田受灾面积、房屋倒塌间数、直接经济损失指数。

评估方法：主成分分析、支持向量机。

建立模型时引入初选的因子见表 1.13，初选因子分别与各分区的 4 个灾情表征因子进行相关分析，得到各分区各灾情表征因子的评估因子（表 1.14）。

表 1.13　初选因子表

因子	说明	因子	说明
x_1	风暴潮	x_{13}	地质灾害发生程度
x_2	相对最大风速	x_{14}	孕灾环境综合系数
x_3	相对极大风速	x_{15}	单位面积 GDP
x_4	相对过程雨量	x_{16}	耕地比重
x_5	相对 1 小时最大雨量	x_{17}	人口密度
x_6	相对 3 小时最大雨量	x_{18}	承灾体暴露性
x_7	相对 6 小时最大雨量	x_{19}	单位面积年财政收入
x_8	相对 12 小时最大雨量	x_{20}	旱涝保收面积
x_9	相对日最大雨量	x_{21}	农民人均收入
x_{10}	海拔高度	x_{22}	防灾减灾能力
x_{11}	地形起伏程度	x_{23}	承灾体潜在易损性
x_{12}	河网密度		

表 1.14　各分区各灾情表征因子的评估因子

分区	浙北区	沿海海岛区	浙南区	浙西区
受灾人口	x_2、x_3、x_4、x_8、x_{15}、x_{17}、x_{18}、x_{19}	x_1、x_2、x_3、x_4、x_5、x_6、x_7、x_8、x_9、x_{12}、x_{14}	x_2、x_3、x_4、x_6、x_7、x_8、x_9、x_{10}、x_{11}、x_{12}、x_{15}、x_{16}、x_{18}、x_{23}	x_2、x_3、x_4、x_9、x_{10}、x_{17}、x_{20}
经济损失	x_4、x_6、x_7、x_8、x_9、x_{10}、x_{11}、x_{12}、x_{14}、x_{16}	x_1、x_2、x_3、x_5、x_6、x_7、x_8、x_9、x_{21}、x_{22}	x_2、x_3、x_4、x_5、x_6、x_7、x_8、x_9、x_{10}、x_{11}、x_{15}、x_{16}、x_{18}、x_{20}、x_{23}	x_2、x_4、x_7、x_8、x_9、x_{10}、x_{11}、x_{12}、x_{13}、x_{15}、x_{16}、x_{17}、x_{18}、x_{19}、x_{20}、x_{23}
农作物受灾面积	x_2、x_3、x_7、x_8、x_9	x_2、x_3、x_4、x_7、x_8、x_9、x_{12}、x_{14}、x_{16}	x_2、x_3、x_4、x_6、x_7、x_8、x_9、x_{10}、x_{15}、x_{18}、x_{19}、x_{20}、x_{21}、x_{22}、x_{23}	x_2、x_3、x_4、x_7、x_8、x_9、x_{10}、x_{11}、x_{12}、x_{13}、x_{16}、x_{17}、x_{18}、x_{23}
房屋损坏间数	x_2、x_3、x_6、x_7、x_8、x_9、x_{10}、x_{11}、x_{14}、x_{16}、x_{20}、x_{21}、x_{22}	x_2、x_3、x_7、x_9、x_{10}、x_{12}、x_{13}、x_{14}、x_{16}、x_{17}	x_2、x_3、x_7、x_8、x_9、x_{10}、x_{23}	x_2、x_3、x_4、x_7、x_8、x_9、x_{10}、x_{11}、x_{12}、x_{13}、x_{16}、x_{17}、x_{18}、x_{21}、x_{23}

各区的 4 个灾情表征因子（受灾人口、经济损失、农作物受灾面积、房屋损坏间数）作为输出值，对应的评估因子作为输入值，采用 RBF 核函数的 ε-SVM 回归，采用试错法确定 Gamma，建立评估模型。

1.4.2.4　应用及问题

(1)风险等级评估应用

浙江省气象局风险等级评估于2009年投入业务运行，应用于影响预报和总结性的灾害天气评估报告中，可参见浙江省气象局上报的决策气象服务报告，如台风“莫拉克”影响等级预评估、台风“海葵”影响等级跟踪评估、台风“灿鸿”灾后评估，其中，台风“灿鸿”评估报告得到省委省政府领导批示。

(2)损失预评估应用及问题

由于建模时灾情资料精度存在一定问题，损失预评估模型投入业务运行的精度还不够，还处于科研状态。下面为评估精度相对较高的例子(0908号台风“莫拉克”(Morakot))。

0908号台风“莫拉克”是2009年以来影响浙江省并造成较严重灾害损失的一个台风。“莫拉克”于2009年8月4日02时在西北太平洋生成，5日14时加强为台风，9日16时20分在福建省霞浦县登陆，登陆时中心气压970 hPa，中心附近最大风速33 m/s(12级)，同日18时减弱为强热带风暴，10日06时进入温州境内，先后经过丽水、金华、绍兴、杭州、嘉兴、湖州等地，于11日01时50分进入江苏省境内。

受“莫拉克”影响，6—11日温州、台州、宁波、舟山等沿海地区以及杭州、金华、衢州等内陆地区相继出现8级以上大风，8级以上大风陆域覆盖面积约3.3万km^2，10级以上约0.8万km^2，12级以上约0.2万km^2(图1.23)。

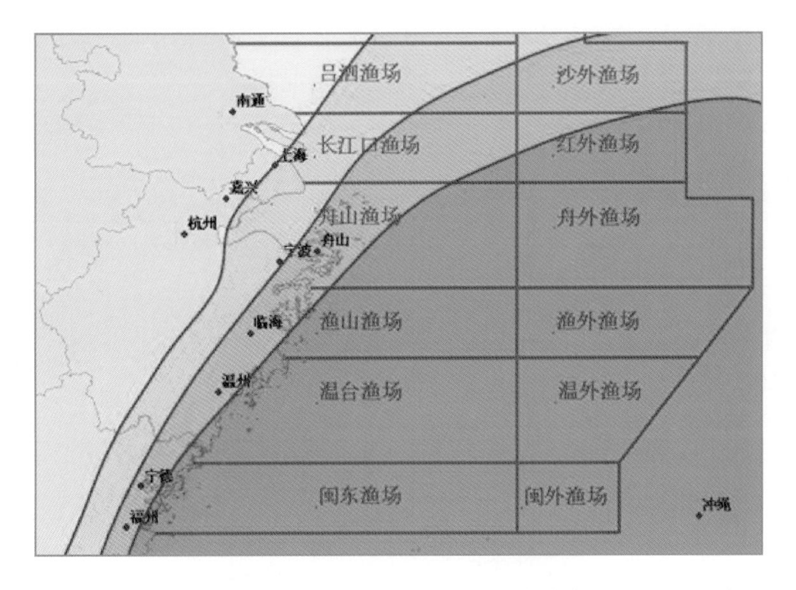

图1.23　8月6—11日过程风力分布

浙江省7日开始出现降水，到11日基本结束，全省面雨量153 mm。其中，100 mm以上覆盖面积约7.4万km^2，占全省面积的73%；250 mm以上覆盖面积约3.0万km^2，占全省面积的29%，500 mm以上覆盖面积约6500 km^2，占全省面积的6.5%(图1.24)。

根据0908号台风“莫拉克”的风、雨和潮位资料，利用建立的模型对“莫拉克”台风灾情进行拟合，结果见图1.25～1.28。经过比较，在受灾人口预估方面，湖州、金华及温岭三市少于实际受灾人口，而其他市县较吻合；在直接经济损失预估方面，总体上与实况较接近，但落实到

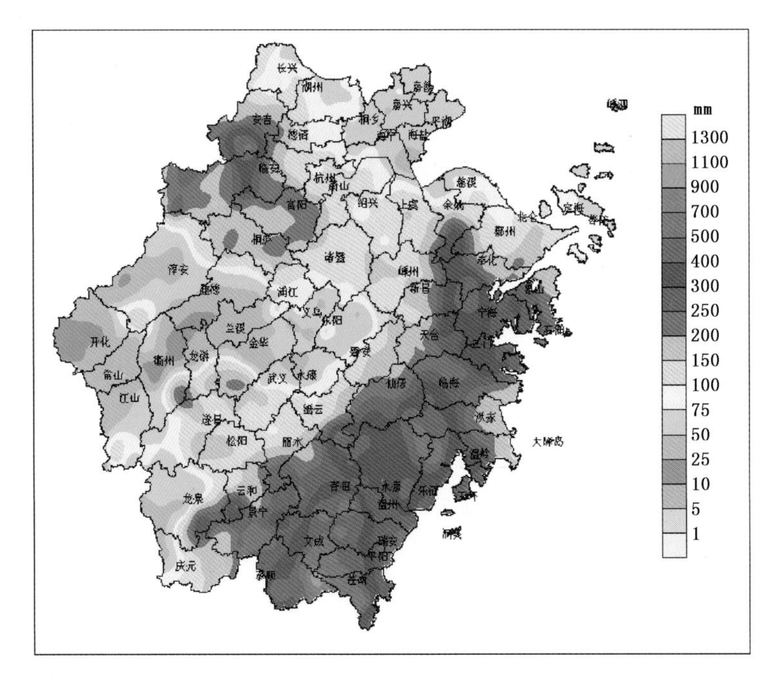

图 1.24　8 月 7—11 日过程雨量分布

具体地点上有差距，如安吉县、瑞安市和温州市；在农作物受灾预估中，受灾落区与实际情况基本吻合；在房屋倒塌预估中，除仙居县外，其他与实际情况相符。

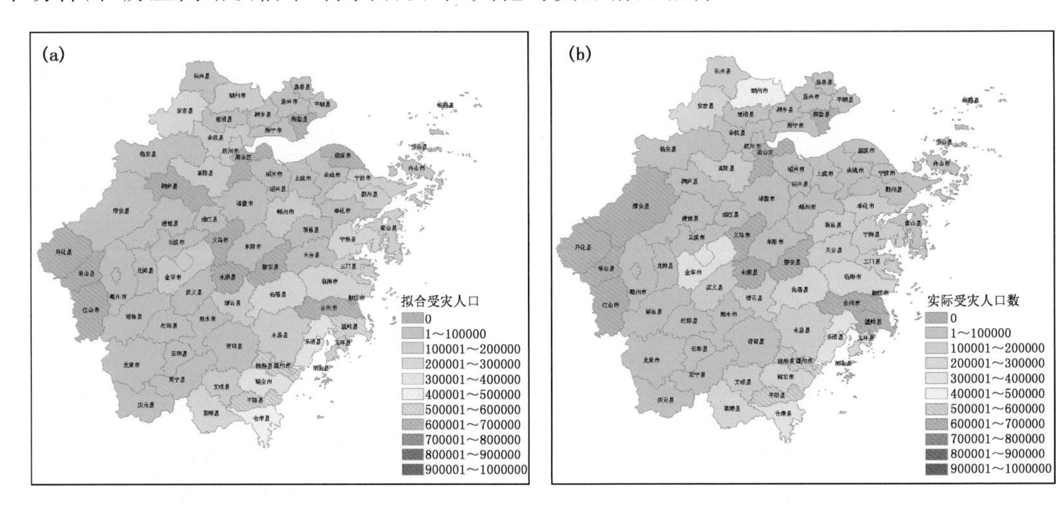

图 1.25　0908 台风“莫拉克”受灾人口预报(a)与实际情况(b)比较

1.4.3　天津市气象局

城市内涝模型分为水文产流模型和水动力学模型，前者是描述降雨经过损失阶段而产生径流过程的数学模型，如常说的蓄满产流(超蓄产流)模型等；后者采用水动力学方程模拟城市地表与河道的水流运动。国外常用的模型有 SWMM 模型、STORM 模型、沃林福特模型，这些模型发展时间较长，都是在传统的水文学理论的基础上建立起来的。而国内内涝积水模型

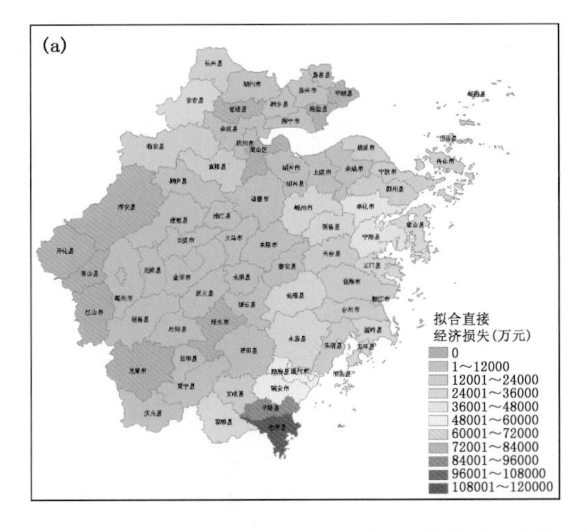

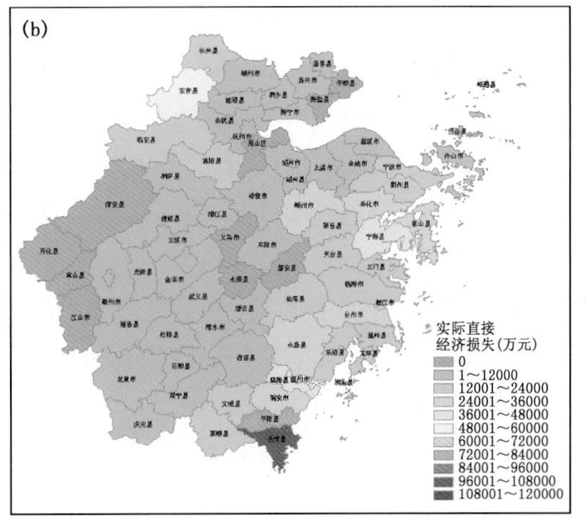

图1.26　0908台风“莫拉克”直接经济损失预报(a)与实际情况(b)比较

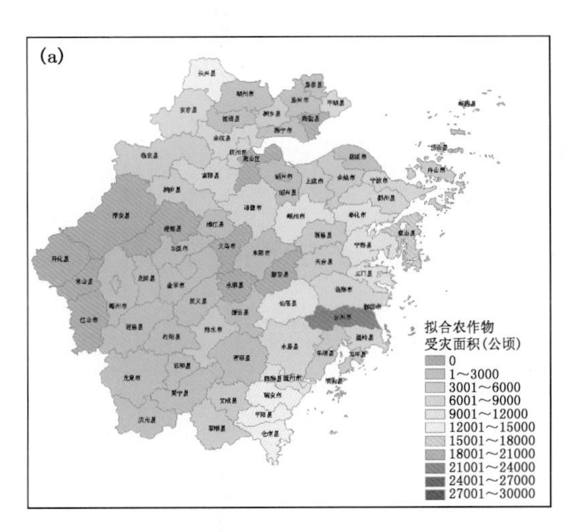

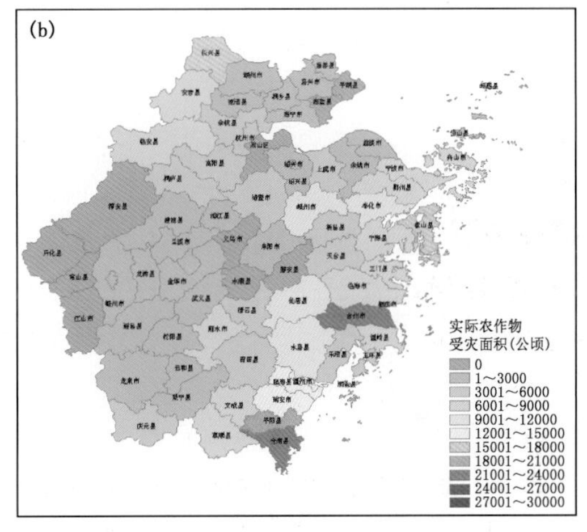

图1.27　0908台风“莫拉克”农作物受灾预报(a)与实际情况(b)比较

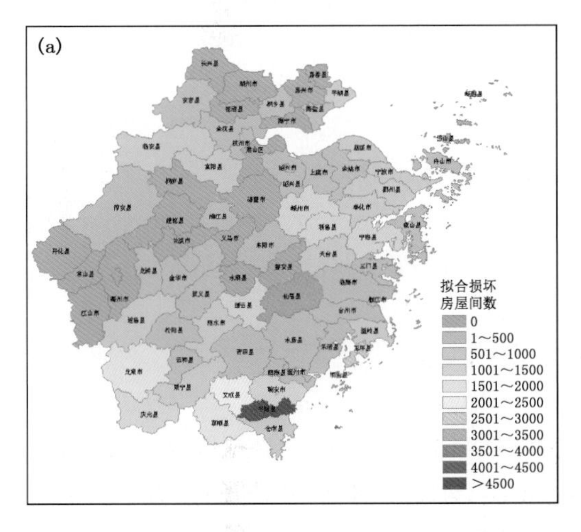

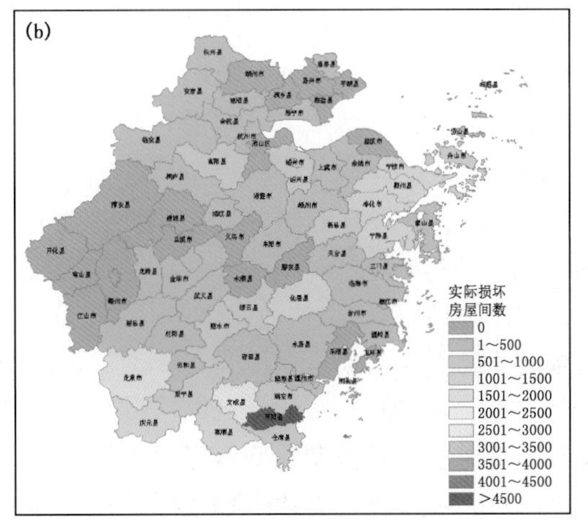

图1.28　0908台风“莫拉克”房屋倒塌预报(a)与实际情况(b)比较

虽然发展时间较晚,但起点相对较高,大都是基于水动力学方程的模型(李江明,2009;耿艳芬,2006;岑国平等,1996)。由天津市气象科学研究所和天津大学联合开发的城市内涝仿真模型以城市地表和明渠河道水流运动为主要模拟对象,模拟城市暴雨产生的积水范围和积水深度(解以扬等,2004;2005),目前已在全国30多个省市进行推广并得到不断完善。

天津是我国风暴潮灾害的多发区和严重区,海岸线约153 km,一级河道的防波堤近209 km,天津滨海新区又是我国沿海海拔最低的城市,极易受到风暴潮等灾害的侵害,风暴潮灾害对天津沿海及港口等影响重大。"9216"台风减弱北上引起的风暴潮,造成天津近100 km海堤漫水,40处决口,天津沿海直接经济损失近4亿元。1997年和2003年出现的风暴潮也给天津沿海地区造成巨大损失。

1.4.3.1 城市内涝仿真模型的拓展及改进

城市内涝仿真模型应用有限体积法的思想,采用无结构不规则网格设计计算区域,以城市地表和明渠河道水流运动为主要模拟对象,基本控制方程以平面二维非恒定流的基本方程为骨架。同时,针对小于离散网格尺度的排水渠涌或河道,在二维模型中结合了一维明渠非恒定流方程的算法。目前模型的应用对象大多是内陆城市,而沿海城市应用内涝模型则需考虑其地貌特点。

天津市滨海新区位于渤海西岸,地处海河要冲。模型中需要考虑的不同于内陆城市的特点主要有三个方面:地表水系发达,蓟运河等六条大型河道分别从北部、西部汇入新区,再流入渤海;在153 km的海岸线地区,因涨潮落潮而引起水陆边界变化;退海湿地,坑塘、湖泊和干渠密布,水域面积大,地势低平。

针对滨海新区的上述特点,本文对模型的描述方法进行改进,使之适用于滨海新区,同时还将模型功能拓展到能应用于风暴潮评估之中。

(1)滨海新区内涝仿真模型建立

本书仍采用无结构不规则网格设计滨海新区内涝仿真模型。区域内较宽的河道蓟运河、潮白河、永定新河、海河以及独流减河概化为河道型网格;较小的河道及排水渠涌,如黑猪河、马厂减河、大沽和北塘排污河等,处理成特殊型通道。坑塘、湖泊、盐池按形状概化为湖泊型网格;公园、成片绿地、建筑群、街区均概化为不同形状的陆地型网格。此外,对社会资源相对集中、人口相对稠密地区,加密了网格,尽可能包含街道、居民区的信息。而对城市边缘或不易发生积水的地区采用较稀疏的网格。城市中连续型的阻水建筑物,如堤防、高于地面的干道、铁路等,概化成连续堤,按实际走向布置在通道上,形成连续堤通道。

滨海新区内涝仿真模型共设计有网格7973个,通道17191个,节点9217个。图1.29为滨海新区的网格划分图,共分为河道型网格、湖泊型网格、陆地型网格和特殊通道。

(2)沿海地区潮汐特征的数学描述

内陆城市的内涝仿真模型大多采用单一的边界条件,边界通常设置在小型河沟或大型江河处,此时边界水流方向单一,仅仅指向区域外,或者设置在高速公路、大型堤坝处,模型边界无水流交换。而对滨海新区而言,海岸带地区潮起潮落,呈现了干湿变化,具有潮间带的性质,这就涉及了动态边界的处理。本书在沿海边界设置了时变水位,水位即是风暴潮的潮位,当潮位高于沿海的防潮堤时,潮水进入城市,造成积水。通常潮位按逐小时给出,时变水位数学表达式为

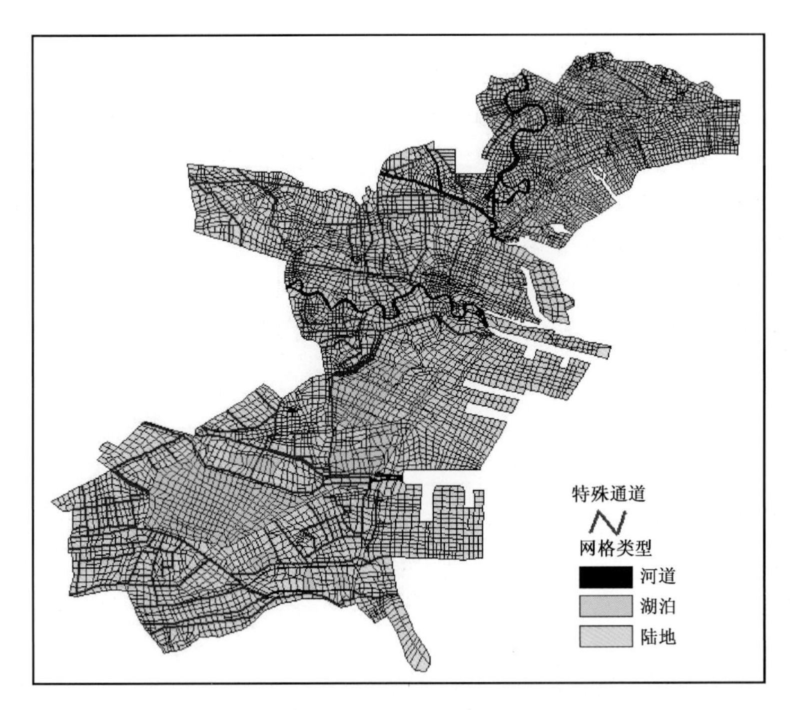

图 1.29　天津滨海新区网格划分

$$Z_i^{T+2dt} = Z_i^T + 2dt(Z_i^{T+1} - Z_i^T)/3600 \tag{1.8}$$

式中，Z_i^{T+2dt} 为时变水位；Z_i^T、Z_i^{T+1} 分别为第 T 小时和第 $T+1$ 小时的潮位；dt 为积分的时间步长，步长单位为秒。通过式(1.8)计算沿海边界水位随潮位的变化。

近年来，天津滨海新区兴起大规模填海造地，海岸线不断向东扩张。考虑到未来的发展，按照规划图设置模型区域，在已建区域按照实况设置路面高程和堤高，在沿海尚未填海的区域设置了较低的高程。当采用时变边界后，随着潮起潮落，这部分区域的干湿变化特征更为显著。

通过以上方法，将城市内涝仿真模型扩展到既能评估暴雨产生的内涝，又能评估风暴潮高潮位产生的积水范围和积水深度。

(3)河口及潮位特征的描述

滨海新区河流众多，蓟运河、潮白新河、永定新河、海河、独流减河和子牙新河分别从北部、西部汇入新区，为边界河口。这些河口的水位反映着进入新区的客水的多寡。在盛夏季节，滨海新区上游出现暴雨，河口水位通常很高。当遇到风暴潮顶托时，新区内的河道高水位运行，造成排水问题。同时，滨海新区东侧临海，有三个出海口，其中海河设防潮闸长期关闭，而另两个河口都会受到涨落潮影响。

以往的城市内涝仿真模型的河口水位多采用常水位，主要是由于未能得到当地水位变化信息。近年来，天津气象部门与水利部门加强合作，目前可以从当地水务部门获取实时水位信息。本书将蓟运河、潮白新河、永定新河、海河、独流减河和子牙新河等六条河道的可变化的实时水位信息按照式(1.8)的时变水位作为河口的边界条件代入模型；并在沿海河口按照潮位变化设置了时变水位，作为边界条件代入模型。

通过以上方法，模型扩展到既能评估行洪河道的影响，又能够评估风暴潮对河道的影响。

(4)滨海新区排水系统的概化

滨海新区地下排水管网主要集中在塘沽区、汉沽区、大港区以及开发区、保税区等人口集中的区域，这部分区域属于城市区域，在滨海新区占较小的比例。考虑到排水管网主要分布在道路下面，因此模型以网格为单元，将网格单元分为含管网和不含管网两种。对含管网的网格单元，按道路长度概化管网的长度，按当地道路等级概化管网的管径，并求取网格单元的平均管径，以减少模型的计算难度。排水管网内流量的计算参照文献计算。

在排水系统中，泵站和闸门都起着重要的排水作用。在不同城市泵闸等排水设施的设置因地制宜，具有当地特色。滨海新区共有泵站 111 座，其中分布在一级河道两侧的有 36 座，分布在二级河道两侧的 31 座；临海的有 1 座；闸门 150 个，其中分布在一级河道两侧的 60 个，分布在二级河道两侧的 12 个，临海的有 9 个。另外，用于路面排水的泵站有 20 个。

模型将泵站、闸门等排水设施概化在通道上，并按排水属性进行分类，如向一级河道排水的泵站设为属性 1；向一级河道排水的闸门设为属性 2；向二级河道排水的泵站设为属性 6；向二级河道排水的闸门设为属性 7；陆地泵属性为 11；可以分别调用不同的程序进行排水处理。由于滨海新区的河道没有淹没出流式的排水管道，因此泵站和闸门的排水方向都是单向(只向临近河道排水)的，编程处理时只考虑开(1)或关(0)。当泵站或闸门开启时，其排水能力按单位时间内的流量进行概化。考虑到城市排水泵站通常都设有集水池，为了简化，连接泵站的网格单元的管道容水量均人为设置，使其与泵站排水量相适应。

1.4.3.2　风暴潮模拟

(1)典型风暴潮个例模拟

选取 1951 年以来天津沿海地区最为严重的 1992 年 9 月 1 日以及最近 10 年最严重的 2003 年 10 月 11 日两次风暴潮个例进行模拟。两次风暴潮中 1992 年 9 月 1 日出现了超过百年一遇的 5.87 m 的最高潮位，当天没有出现降水。在此次风暴潮模拟中，将降水量设置为零，仅仅模拟高潮位产生的积水情况，潮位变化为 9 月 1 日 24 小时内实况(图 1.30)。2003 年 10 月 11 日在出现风暴潮的同时伴有降水，模型同时考虑风暴潮增水和降水的共同影响，潮位变化为 10 月 11 日 24 小时内实况(图 1.31)。

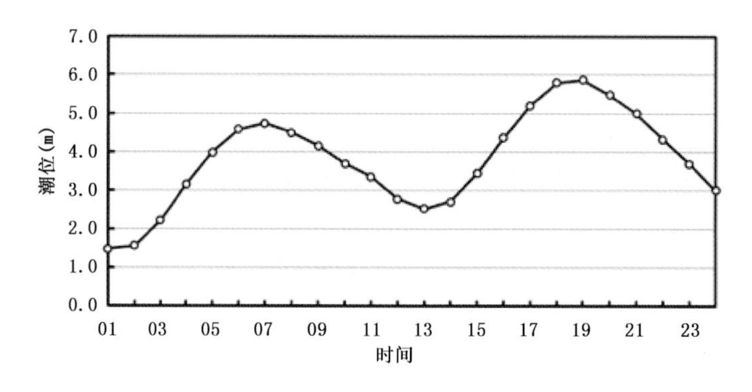

图 1.30　1992 年 9 月 1 日 24 小时内潮位变化

1992 年 9 月 1 日模型模拟结果显示(表 1.15)，此次风暴潮积水范围达 282 km^2，最大积水深度 1.72 m，其中天津沿海出现大范围积水现象，历史灾情显示当时天津近 100 km 海堤漫水，40 处决口，天津沿海直接经济损失近 4 亿元，模拟情况能基本反映出 1992 年大范围的积

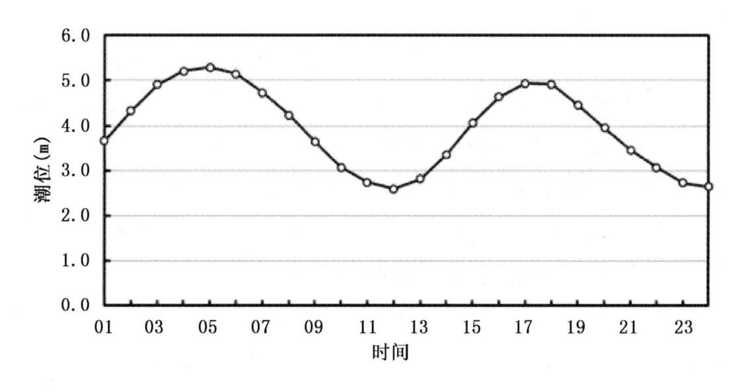

图 1.31　2003 年 10 月 11 日 24 小时内潮位变化

水情况，但由于没有当时的最大水深灾情记录，难以与实际情况进行详细对比，通过走访经历过 1992 年风暴潮的群众，认为模型能较好地模拟出当时积水面积最多的地区以及积水最深的地区。

表 1.15　1992 年和 2003 年两次风暴潮模拟结果

时间	最高潮位(m)	积水面积(km^2)	积水深度(m)	不同深度等级积水面积(km^2)			
				0.1～0.25 m	0.26～0.5 m	0.6～0.8 m	>0.8 m
1992-09-01	5.87	282.1	1.72	46.8	61.5	73.2	43.0
2003-10-11	5.29	65.0	1.13	7.6	15.1	5.5	4.1

2003 年 10 月 11 日最高潮位 5.29 m，塘沽气象站 24 小时降水量 77.1 mm，由于当时没有自动气象站，以塘沽气象站降水量计算塘沽面雨量，对应的汉沽、大港、津南、宁河等分别使用气象观测站的逐小时降水数据计算所在区域的面雨量。该日在高潮位和降水的共同作用下，天津沿海积水面积达到 65 km^2，最大积水深度 1.1 m。历史灾情显示，此次风暴潮塘沽、大港、汉沽三区决口 3 处，部分地区发生淹泡，造成直接经济损失 1.11 亿元。

为了进一步验证模型的模拟效果，本书对天津沿海地区出现的 5.1 m 以上的 11 次高潮位(警戒潮位 4.9 m)进行了模拟，分别计算了 11 次高潮位下所产生的积水深度和面积，并与历史灾情资料进行了对比。模拟结果显示，模型较好地模拟出 1985 年 8 月 19 日 5.28 m、1997 年 8 月 20 日 5.46 m 高潮位等较严重的风暴潮灾害。但由于历史灾情资料记录不完整，部分风暴潮个例无历史灾情资料记录，难以与模拟结果进行对比。

(2)不同重现期风暴潮模拟

采用工程理论上最为适用的耿贝尔分布的推算结果，得到天津沿海地区 10 年、20 年、30 年、50 年、100 年一遇的重现期潮位分别为 528 cm、543 cm、552 cm、563 cm、577 cm。本书对重现期风暴潮淹没情景的模拟设计了 3 个试验方案。方案 1：只用潮位作为模型的边界条件；方案 2：用潮位和 2012 年 7 月 25—26 日的暴雨作为模型的边界条件；方案 3：用潮位和 2003 年 10 月 11—12 日的降水作为模型的边界条件。其中，7 月 25—26 日的大暴雨为天津沿海地区近 30 年来出现的最强降水，2003 年 10 月 11—12 日的降水为天津出现高潮位时伴随的最大降水。

不同重现期潮位变化曲线选取历史上出现过的与不同重现期潮位相同或者接近的风暴潮

个例的潮位逐小时变化曲线作为重现期潮位变化曲线，并将相似年份的潮位订正到重现期相同的潮位。

单纯只考虑高潮位以及同时考虑了7月25—26日的暴雨共同作用作为模型的边界条件计算出的滨海新区最大积水水深度详见表1.16。

表1.16 不同重现期风暴潮潮位下的积水模拟结果

重现期	潮位(m)	试验方案	积水面积(km^2)	积水深度(m)	不同深度等级积水面积(km^2)			
					0.1～0.25 m	0.26～0.5 m	0.6～0.8 m	>0.8 m
10年	5.28	潮位	51.0	1.12	5.5	12.4	4.7	4.1
		潮位及降水	1061.6	3.17	244.7	178.6	81.7	84.6
20年	5.43	潮位	81.4	1.28	25.7	19.1	10.9	5.7
		潮位及降水	1071.8	3.16	259.6	175.2	89.7	85.2
50年	5.63	潮位	168.5	1.47	26.9	48.3	33.9	20.6
		潮位及降水	1122.9	3.17	258.1	203.5	110.6	99.9
100年	5.77	潮位	218.0	1.62	41.8	52.9	48.5	33.8
		潮位及降水	1156.4	3.18	265.7	211.1	127.4	117.1

1.4.3.3 业务应用

2012年8月3日，受台风“达维”的影响天津沿海地区出现了5.07 m的高潮位。8月2日天津市气象科学研究所自主开发的风暴潮数值预报模式预估最高潮位为5.6 m，预报员结合多种预报产品，预计3日潮位为5.2 m。模型以5.2 m的潮位进行预评估，潮位变化曲线使用数值预报模式的潮位变化结果，将高潮位降低为5.2 m，其他地方采用插值的方法进行相应地降低。预评估结果为风暴潮将产生的积水范围为33.2 km^2，最大积水深度为1.04 m。

3日16时20分，天津滨海新区最高潮位达5.07 m，超过4.9 m的警戒水位。客运码头、北塘码头等海水漫上岸来。海河闸水位达5.6 m，出现海水倒灌。模型以最高潮位5.07 m以及24小时潮位逐小时实况变化对此次高潮位过程进行评估，评估结果积水范围为25.4 km^2，最大积水深度0.89 m，与实地采集得到的积水范围基本相符，但积水深度偏大。

1.4.3.4 结论和讨论

本文对城市内涝仿真模型进行了再开发，通过在沿海边界和河口设置时变水位，加入时变水位的计算方法，使得再开发后的模型具有了模拟和评估风暴潮积水范围和积水深度的能力。

通过模拟新中国成立以来天津沿海地区11次5.1 m以上高潮位产生的积水范围和深度，并与收集到的灾情记录和实际走访进行对比分析，显示模型能一定程度地描述风暴潮侵袭产生的淹没情景。由于模型使用的是最新得到的地面高程数据，模拟结果可能与历史风暴潮灾害实况存在差异。

模型在2012年8月3日台风“达维”产生的天津沿海风暴潮中进行了试应用，模拟结果与实际情况进行对比发现，模型对积水范围和积水地点拟合效果较好，但模拟的积水深度偏大，今后还需要对模型参数进行更加细致的率订。

通过对不同重现期下高潮位的情景模拟，可以在今后的业务和服务中，当预报或出现N年一遇的风暴潮时，使用模型结果直接进行预估和评估；还可以提前计算不同潮位下的淹没情景，当预报或出现了某个高度的潮位时，将提前计算的结果直接提供给政府和服务用户，提高服务时效性。

1.4.4　国家气象中心

2007 年以来，国家气象中心在相关项目的支持下，陆续研发了台风灾害综合影响评估、台风风雨强度评估、台风大风破坏力评估等模型。2007—2008 年，采用模糊数学方法，综合考虑台风影响时间、致灾因子、孕灾环境、防灾减灾灾情影响因子，建立了台风灾害综合影响评估模型，并实现了灾前预评估，以及灾中和灾后的快速评估。2013—2014 年，重点对台风风雨致灾因子进行评估，实现了全国和分区域的台风风雨影响综合强度评估，并进行了业务化测试。2015 年，在前期台风影响评估工作的基础上，国家气象中心依托精细化的台风预报服务产品，结合防灾减灾的具体需求，着力研发台风大风破坏力评估技术，并输出格点化的台风破坏力预评估结果，上述科研成果已经实时用于决策服务业务工作，服务效果良好。

1.4.4.1　台风灾害综合影响评价方法

鉴于模糊数学在目标不明确的多目标综合评估中取得了很多很有意义的成果，2007—2008 年，国家气象中心采用模糊数学方法建立预报评估模型，加入台风影响时间、致灾因子、孕灾环境、防灾减灾等 10 个灾情影响因子，利用加权平均规划法得到影响因子的权重，对台风灾情进行定量评估，得到较理想的结果。在模型中，只要获得台风预报或观测实况资料，即可进行灾前预评估，以及灾中和灾后的快速评估，从而给相关部门提前采取相应防范措施，做好台风的防灾减灾工作提供科学定量的决策依据。

(1)计算方法

设有 n 件事物的某一特征等待评价，这 n 件事物构成对象集 X 和影响因子集 U：

$$X=\{x_1,x_2,\cdots,x_n\} \tag{1.9}$$

$$U=\{u_1,u_2,\cdots,u_m\} \tag{1.10}$$

对因子的权重分配为 U 上的模糊子集 $\underline{W}$，记为

$$\underline{W}=\{w_1,w_2,\cdots,w_m\} \tag{1.11}$$

式中，m 表示影响因子的个数；w_i 表示第 i 个因子 u_i 所对应的权重，$w_i\geqslant 0, i=1,2,\cdots,m$。

n 件事物中每个因子的评价集为 $\underline{R}_i=(r_{i1},r_{i2},\cdots,r_{in}), i=1,2,\cdots,m$，则有 m 个影响因子得到的评价矩阵为

$$\underline{R}=\begin{bmatrix} r_{11} & r_{12} & \cdots & r_{1n} \\ r_{21} & r_{22} & \cdots & r_{2n} \\ \cdots & \cdots & \cdots & \cdots \\ r_{m1} & r_{m2} & \cdots & r_{mn} \end{bmatrix} \tag{1.12}$$

则对该评价对象的模糊综合评价集 $\underline{B}$ 为

$$\underline{B}=\underline{W\bigcirc R} \tag{1.13}$$

式中，$\underline{B}$ 为 n 件事物的模糊综合评价系数集，系数越大表示灾害程度越严重；“$\underline{\bigcirc}$”为广义模糊算子，其算法有多种模型，这里采用加权平均型模型 $M(\hat{\ };+)$，即

$$b_j=\min\{1,\sum_{i=1}^{m}w_i r_{ij}\}, j=1,2,\cdots,n \quad 并且 \quad \sum_{i=1}^{m}w_i=1 \tag{1.14}$$

确定隶属函数的方法一般有模糊统计法、典型函数法等。采用典型函数法的戒下型函数，

表达式为

$$f(u)=\begin{cases}0 & (u\leqslant c)\\ \dfrac{1}{1+[a(u-c)]^{-b}} & (u>c)\end{cases} \tag{1.15}$$

式中，$f(u)$为因子 u 的隶属函数；a、b、c 均为参数，且 $a>0,b>0,c>0$。

在实际计算时，a 值偏大。为使 a 值能够有利于隶属度的计算，定义一个经验系数 K，经多次试验计算，取 K 为 0.3 较为合适。因此，得到

$$a=\frac{\sqrt{99}}{u_{\max}-u_{\min}}\times K \tag{1.16}$$

a、b、c 确定后，可利用灾情隶属度式(1.15)求出每个登陆台风的各灾情因子隶属度值，构成矩阵 $\underline{R}$。

$$\underline{R}=\begin{bmatrix} f_{11} & f_{12} & \cdots & f_{1n}\\ f_{21} & f_{22} & \cdots & f_{2n}\\ \cdots & \cdots & \cdots & \cdots\\ f_{m1} & f_{m2} & \cdots & f_{mn}\end{bmatrix} \tag{1.17}$$

将多目标决策问题等权重集结为等价的非线性规划问题后，解得权重的表达式为

$$w_i=d\,\frac{\sum_{j=1}^{n}r_{ij}}{\sum_{i=1}^{p}\sum_{j=1}^{n}r_{ij}}\qquad i=1,2,\cdots,p \tag{1.18}$$

从权重计算表达式可以看出，权重与参与计算的所有个例和因子都有关，这样，同一个例在参与不同的个例计算中，权重不固定，评价系数也不固定，因此就无法用评价系数划分等级。

(2)实例分析与检验

考虑到全国各地区的经济发展不平衡，人口密度也相差较大，同样强度和时空尺度的台风在不同的地区造成的灾害和影响相差会很大，这里将地区易损性也作为一个影响因子(以省、区、市为单位)。这样，我们选取 10 个因子放入模型中进行计算，即

A_1——过程最大雨量、A_2——24 小时最大雨量、A_3——登陆时最大风速、A_4——登陆时最低气压、A_5——登陆后持续时间(小时)、A_6——影响范围(50 mm 以上降水和 6 级以上大风影响的省)、A_7——影响区域的易损性、A_8——影响区域的地质灾害危险性、A_9——登陆时的天文大潮指数、A_{10}——影响区域的防灾能力指数。

利用数学综合评价法建立了登陆台风预评估模型，对 2007 年、2008 年影响(包括登陆和近海影响)我国的台风进行预评估，准确率均在 50%以上，灾中评估的准确率达到 78%以上。2009 年，对登陆或近海影响我国的 9 个台风开展了预评估试验，预估损失准确的台风有 5 个："风神""海鸥""凤凰""北冕""森拉克"；预估损失比较接近的台风有"浣熊"，预估损失为小于 5 亿，实际损失为 6.73 亿元；预估损失差别较大的台风有 3 个："鹦鹉""黑格比""蔷薇"，初步分析其主要原因为采用的预报结果偏差较大，"鹦鹉"预报过程最大雨量(350 mm)比实际雨量(281 mm)偏大，"黑格比"预报登陆强度(950 hPa、45 m/s)小于实际登陆强度(960 hPa、40 m/s)，"蔷薇"预报将登陆浙江，实际情况为在浙江近海转向。

(3)优点与不足之处

模糊数学综合评估模型输出结果与实际结果较为一致，总体而言，评价指数大的台风其灾害损害也较重，说明台风灾害影响评估模型及其对灾害的分级是可行的，模型能够较好地评估台风的总体灾情，预评估结果对防灾减灾工作有一定的参考意义。但台风影响预评估结果较为单一，没能输出精细化的台风灾害评估结果，不能够表征台风灾害的分布特征，制约了其在实际台风灾害防御中的作用发挥。

1.4.4.2　台风风雨综合强度评价方法

2014—2015 年，国家气象中心基于灾害分析等理论与方法，根据历史登陆台风风雨情况及灾情资料，研发出精细化的台风风雨综合强度评估模型。根据台风主要影响区域的风雨强度时空演化规律，初步建立了台风风雨致灾因子的评估指标体系，选取台风过程雨量、日最大雨量、过程平均雨量、过程最大风、过程平均风、强降雨影响范围、大风影响范围、强降雨影响时间、大风影响时间等 9 个因子作为台风风雨综合强度的评价指标。同时，研究台风主要影响地区的风雨致灾因子阈值，对各致灾因子进行较科学的无量纲化处理，对台风大风强度、降雨强度进行分级，利用数理统计分析方法，实现了分县的台风风雨影响综合强度评估，在此基础上，最后确立全国性的台风风雨影响综合强度评估方法。

(1)计算方法

基于台风降雨强度、大风强度、降雨影响范围、降雨持续时间、大风影响范围、大风持续时间等 6 项指标计算分析，对单站台风风雨综合强度进行划分，将有一定影响的台风过程强度进行等级划分。

降雨时间（TR）的表达式为

$$TR_i = TR_e - TR_s + 1 \tag{1.19}$$

式中，TR_e 为台风降雨过程结束时间（以公历日期为单位）；TR_s 为台风降雨过程开始时间（以公历日期为单位）。

降雨强度（R）：台风降雨过程中测站的过程雨量强度、日最大雨量强度和平均雨量强度的加权平均。其表达式为

$$R_i = a_1 \times \frac{\sum_{j=1}^{m} Rd_{i,j}}{c_1} + a_2 \times \frac{Rm_{i,j}}{c_2} + a_3 \times \frac{(\sum_{j=1}^{n} Rd_{i,j}/TR_i)}{c_3} \tag{1.20}$$

式中，i 为选取的测站数（个）；j 为降雨过程持续时间（天）；Rd_{ij} 为降雨过程中测站的逐日降雨量；Rm_j 为降雨过程中测站的日最大降雨量；a_1、a_2、a_3 分别为降雨过程日降雨量、日最大雨量、日平均雨量的权重系数；c_1、c_2、c_3 分别为降雨过程日降雨量、日最大雨量、日平均雨量的归一化参数。

大风强度（W）：台风大风过程中测站的过程最大风强度、日平均风强度的加权平均。

$$W_i = b_1 \times \frac{Wm_{i,j}}{d_1} + b_2 \times \frac{(\sum_{j=1}^{n} Wd_{i,j}/TW_i)}{d_2} \tag{1.21}$$

式中，i 为选取的测站数（个）；Wm_{ij} 为大风过程中测站的过程最大风速；Wd_{ij} 为大风过程中测站的日平均风速；b_1、b_2 分别为大风过程最大风速、日平均风速的权重系数；d_1、d_2 分别为大风过程最大风速、日平均风速的归一化参数。

大风时间（TW）的表达式为

$$TW_i = TW_e - TW_s + 1 \tag{1.22}$$

式中，TW_e 为台风大风过程结束时间（以公历日期为单位）；TW_s 为台风大风过程开始时间（以公历日期为单位）。

根据测站出现降雨的日数，确定降雨时间指数。对降雨时间指数划分见表 1.17。

表 1.17　降雨时间指数划分

降雨时间指数	降雨时间（天）
5	≥7
3	5～6
2	3～4
1	1～2

根据测站出现 5 级以上大风的日数，确定大风时间指数。对大风时间指数划分见表 1.18。

表 1.18　大风时间指数划分

大风时间指数	大风时间（天）
5	≥4
3	3
2	2
1	1

单站台风降雨强度指数（RI）由台风降雨过程中测站的降雨强度和降雨时间指数确定。

$$RI_i = R_i \times TRI_i \tag{1.23}$$

单站台风大风强度指数（WI）由台风大风过程中测站的大风强度和大风时间指数确定。

$$WI_i = W_i \times TWI_i \tag{1.24}$$

单站台风过程强度指数（TYC）由台风过程中测站的降雨强度、降雨时间指数、大风强度、大风时间指数综合确定。

$$TYC_i = f_1 \times R_i \times TRI_i + f_2 \times W_i \times TWI_i \tag{1.25}$$

式中，f_1、f_2 分别为测站台风降雨强度、台风大风强度的权重系数。

全国台风过程强度评估指数为各单站台风过程强度指数之算术平均。

$$TYI = \sum_{j=1}^{n} tyc_j \Big/ n \tag{1.26}$$

最后，利用建立的台风风雨综合强度评估模型，对历史登陆我国的台风风雨强度进行评估检验，根据由高到低进行百分位排序，对登陆台风的风雨综合强度等级进行分析，将出现概率在 10%以内的评价指数定义为Ⅰ级（极严重台风风雨影响），出现概率在 20%左右的评价指数定义为Ⅱ级（严重台风风雨影响），出现概率在 30%左右的评价指数定义为Ⅲ级（较重台风风雨影响），出现概率最多 40%左右的评价指数定义为Ⅳ级（一般台风风雨影响）。

（2）实例分析与检验

根据 2000—2012 年登陆我国台风评估情况，将单站台风风雨综合强度等级分为相应四级，一级为特别重大，二级为重大，三级为较重，四级为一般。结合台风灾害损失情况，将全国台风灾害影响评估等级分为相应四级，一级为特别重大，二级为重大，三级为较重（参考直接经济损失为5亿～50亿元)，四级为一般(参考直接经济损失为5亿元以下)。

对2009年影响我国较大的台风“莫拉克”进行评估检验，试验结果表明：0908号台风全国性风雨综合强度评估指数为Ⅰ级(极严重台风风雨影响)，全国实际经济损失达128亿元。单站台风风雨综合强度评估情况如下：有97个国家站为Ⅰ级(极严重台风风雨影响)，149个站点评估为Ⅱ级(严重台风风雨影响)，151个站点评估为Ⅲ级(较重台风风雨影响)，179个站点评估为Ⅳ级(一般台风风雨影响)。结果表明：台风风雨强度综合评估结果与台风灾害损失趋势一致，有较好的相关性。

(3)优点与不足之处

该模型实现了全国范围内的精细化台风风雨综合强度评估，并可根据实际情况，输出时间和空间精度分辨率较高的评估结果，弥补了模糊数学综合评估结果产品精度的不足，而且抓住了台风灾害中的主要致灾因子，因而评估结果对台风灾害具有显著的指示意义。但是，实际台风灾情的严重程度，除台风的风雨致灾因子外，还与承灾体及其易损性、防灾减灾能力以及自然灾害预警水平等有关。后续工作需进一步考虑社会、经济影响、承灾体等的变化，以期实现客观、定量化地评估台风风雨带来的灾害影响。

1.4.4.3　大风破坏力

(1)计算方法

2015年，国家气象中心在前期台风影响评估工作的基础上，依托精细化的台风预报服务产品，结合防灾减灾的具体需求，基于重大历史台风灾害致灾特征，综合台风风场结构、路径强度、大风持续时间及承灾体特征等因素，研发台风大风破坏力评估技术(图1.32)，并输出格点化的台风破坏力预评估结果，上述科研成果已经实时用于决策服务业务工作。

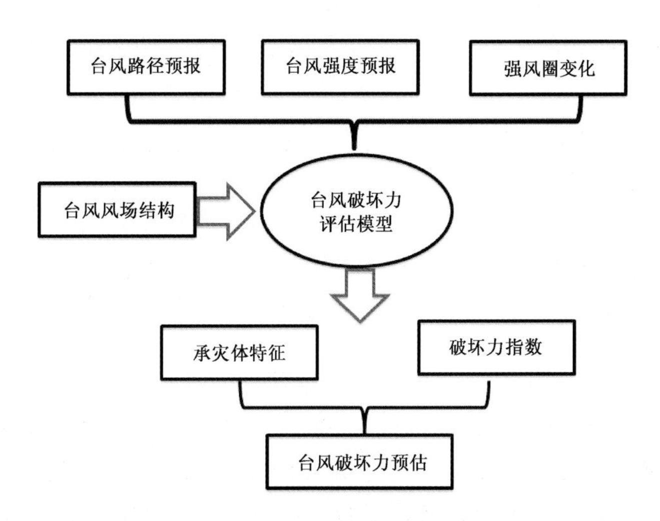

图1.32　台风大风破坏力评估流程

1978年，安塞斯用了一个简单的公式来估计，飓风平均释放的潜在热能量级可以达到10^{14}瓦特。大部分的潜热是用来提高潜在的空气能量，而这个能量最大可以达到50%，所以在飓风的热力学方程中是不能忽视的。例如，潮湿、稳定的气团翻越山脉时需要做功，但是大量的潜热被释放出来。本书中的计算原理来自Emanuel(1997)的研究：在稳定的飓风中，动能的产生率也等于动能的耗散率。Emanuel采用了一种算法来衡量飓风中的能量释放。这个算法主要过程如下：

经过计算，辐散加热与飓风的最大风速、气压变化一致。飓风耗散主要发生在大气表层，于是，Bister 和 Emanuel 给出了单位面积上的耗散率，$D=\rho C_D V^3$。由此，在一个圆形结构的飓风覆盖区域内，得出飓风的总耗散动能为

$$P = 2\pi\int_0^{r_a} \rho C_D V^3 r\mathrm{d}r$$

假定飓风最大风速半径内的速度变化为线性，在最大风速半径之外有一个廓线变化规律，同时，平均海平面空气密度取值 1 kg/m^3，拖曳系数为 2×10^{-3}，利用这些数值就可以得到一个最大风速 50 m/s，最大风速半径为 30 km 的飓风耗散能量为 3×10^{12} 瓦特。

基于 Grapes-TYM 和 Tcwind 的逐小时 10 km 分辨率的风场预报，计算强风圈半径内的台风耗散动能，并结合台风路径强度、大风持续时间及承灾体特征等因素，输出格点化的台风大风破坏力评估结果。

(2)实例检验与分析

2015—2016 年，台风大风破坏力预估检验结果表明：台风大风破坏力实况评估等级与台风灾害程度基本一致，即房屋倒损较多的地方大风破坏力为严重到极严重等级，房屋倒损数量一般的地方为中度到重度破坏力等级。特别是台风大风破坏力预报为极严重等级的区域，其灾害实际损失也相应最重，如 2015 年的第 9 号台风“灿鸿”，台风大风破坏力预估结果为舟山地区为Ⅰ级(极严重破坏)，宁波地区预估为Ⅰ～Ⅲ级(重度至极严重破坏)。舟山市受灾人口 44.5 万，部分乡镇大面积停电，所有边远小岛在台风期间处于全线停电状态，海岛沿岸房屋破坏严重，直接经济损失达 34.7 亿元。预估为Ⅰ级(极严重破坏)。宁波市各县(市)区均不同程度受灾，倒塌房屋 26 间，一般损坏 158 间，全市农业直接经济损失 7.2 亿元预估为Ⅰ～Ⅲ级(重度至极严重破坏)。舟山、宁波两地的灾情严重程度与预估结果基本吻合(图 1.33)。绍兴市嵊州市受灾 61365 人，倒塌房屋 72 间，直接经济损失 2.9 亿元。通信中断 345 条次。预估为Ⅳ～Ⅴ级(轻度至中度破坏)。台州市椒江区倒塌房屋 14 间，直接经济损失 1.36 亿元。台

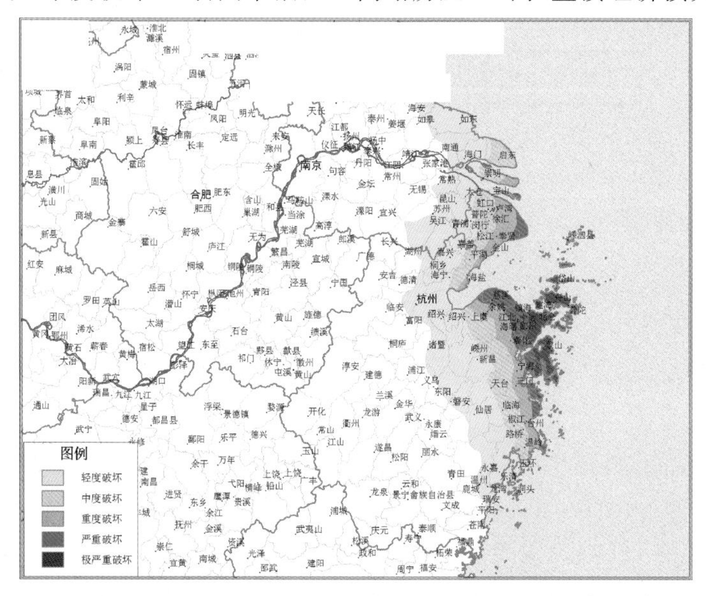

图 1.33　1509 号台风“灿鸿”破坏力预估检验

州市天台县通讯中断 25 条，堤防损坏 68 处，直接经济损失 1.5 亿元。两县区预估为Ⅲ～Ⅳ级（中度至重度破坏）。

台风大风破坏力预估产品多次使用在国家防总会议中，甚至刊登在省级党报上，反响很好，引起了相关决策者的关注和重视；部分台风大风破坏力预评估产品还被应用到《重大气象信息专报》中，并上报到党中央、国务院，决策气象服务效果显著。

（3）不足之处

由于台风风场预报很大程度依赖于登陆点及中心强度的预报，在登陆点预报做出较大调整的情况下，台风风场将产生很大变化，导致提前几天的台风大风破坏力预估结果误差较大，影响区域会有很大偏差，且与后面评估结果相差较大。与当前的台风预报准确率相一致，如选取 24 小时内的台风大风预报则破坏力评估结果较为理想。

另外，有些台风产生的风雨灾害均很严重，此时仅以台风大风灾害的评估作为检验依据，则显得较为片面，不能准确反映出客观的台风大风灾害及评估效果，关于台风暴雨灾害需加强相关研究工作。

1.4.4.4　国家级台风灾害评估指标体系

2016 年，国家气象中心依托前期台风灾害评估技术基础，根据台风决策气象服务需要，选取和确定了台风本身强度、大风、降雨、风暴潮及灾害等评估，制定了台风灾害评估技术指标体系，具体见表 1.19。

表 1.19　台风天气过程评估指标

评估要素	评估指标	说明
台风本身强度	台风强度变化情况	台风生成位置和时间，台风强度变化特别是近海加强、登陆后缓慢减弱，减弱后再次加强等情况，台风发展到最强时段的强度、时间等
	台风移动情况	台风移向、移速是稳定或多变（重点描述方向变化以及速度加快、减慢、回旋等情况），平均移速偏快、正常或偏慢
	台风登陆情况	台风登陆我国的时间、地点、强度情况（中心附近最大风速/风力、气压，登陆次数）
	与当年台风比较	是当年登陆我国及某省（区、市）第几个台风，第几强台风，登陆时间较常年同期比较（偏早、偏晚或正常）
	与历史相似台风比较	与登陆区域附近的历史相似台风比较（登陆强度、登陆时间）
	持续时间	台风从生成到消失的整个生命史，台风登陆后的持续时间或在陆地上的滞留时间
台风大风	平均风情况	6 级、8 级、10 级、12 级以上大风出现区域；各省（区、市）出现 10 级、12 级以上大风情况（县/市数、乡镇数）
	瞬时大风情况	10 级、11 级或 12 级以上阵风出现区域；各省（区、市）出现 10 级、11 级或 12 级以上瞬时大风情况（县/市数、乡镇数）
	海上大风情况	10 级、11 级或 12 级以上大风出现海域，台风中心经过区域风力情况
	大风期间极值情况	平均风、瞬时风的极大值情况（风力、风速，地点），与历史相似台风大风极大值的比较情况
	大风持续时间	8 级、10 级、12 级以上大风持续时间（天数或小时）
	大风影响面积	8 级、10 级以上大风区域面积

续表

评估要素	评估指标	说明
台风降雨	过程降雨量	暴雨以上(50 mm、100 mm、250 mm、500 mm 以上)出现区域;各省(区、市)出现 100 mm、250 mm、500 mm 以上过程降雨的情况(县/市数、乡镇数)
	日降雨量	日雨量(100 mm、250 mm、500 mm 以上)出现区域;各省(区、市)出现 100 mm、250 mm 以上日降雨的情况(县/市数、乡镇数)
	短时降雨情况	任意 1 小时、3 小时、6 小时降雨量情况(时间、雨量、地点)
	降雨期间极值情况	过程降雨量、日雨量、短时降雨量极大值情况(时间、雨量、地点),与历史相似台风降雨比较情况
	降雨持续时间	暴雨以上(50 mm、100 mm、250 mm 以上)持续时间(天数)
	暴雨覆盖面积	暴雨以上(50 mm、100 mm、250 mm 以上)覆盖面积
台风风暴潮	风暴增水	各省(区、市)沿海出现风暴增水情况
	最高潮位	各省(区、市)沿海最高潮位情况(潮位、地点),与历史相似台风的比较
台风灾害	人员伤亡	人员死亡、失踪、转移情况,各省(区、市)的伤亡情况
	经济损失	农作物受灾面积;房屋损坏、倒塌数量;基础设施损毁情况;台风灾害直接经济总体损失,各省(区、市)的直接经济损失
	次生灾害	台风大风、暴雨引发的山洪、滑坡、泥石流及城乡积涝等灾害情况,各地江河库湖出现超警戒水位、超保证水位情况

台风本身强度评估指标主要包括台风强度变化情况、移动情况、登陆情况、与当年及历史相似登陆台风情况比较、持续时间等。

台风大风评估指标主要包括平均风情况、瞬时大风情况、海上大风情况、大风期间极值情况、大风持续时间、大风影响面积等。

台风降雨评估指标主要包括过程降雨量、日降雨量、短时降雨情况、降雨期间极值情况、降雨持续时间、暴雨覆盖面积等。

台风风暴潮评估指标包括风暴增水、最高潮位等。

台风灾害评估指标主要包括人员伤亡、经济损失以及引发的次生灾害情况。

1.5 近年国外热带气旋主要灾害

1.5.1 近年来国外热带气旋灾害

本书选取了 2005 年以来 10 个国外热带气旋灾害进行分析(表 1.20)。其中,影响菲律宾的 3 个,影响美国的 4 个,影响日本、印度和缅甸的各一个。

从 3 个方面分析其致灾成因主要为致灾因子的强度大。上述热带气旋灾害中,最弱的为“塔拉斯”,但是“塔拉斯”影响过程中却引发了罕见的强降雨,纪伊半岛降水总量超过 1000 mm,奈良县的降雨量超过 1652.5 mm,在日本创下了全国范围的强降雨记录。“费林”为 1999 年以后登陆印度最强的台风;“天鹰”为棉兰老岛罕见;“海燕”登陆时中心附近最大风力达 17 级以上(75 m/s, 超强台风级);“纳尔吉斯”1969—2008 年 40 年来第一个在缅甸登陆。

表1.20　2005年以来国外主要热带气旋灾害

热带气旋名称	影响地区	最大强度	预报预警	灾情摘要	政府应对公众反应
天鹰	菲律宾	强热带风暴	预警仅为1级	死亡近2000人;洪水漫溢、泥石流	未强制疏散;没有转移
宝霞	菲律宾	超强台风	改进预警	死亡1901人;房屋被毁	能力薄弱转移不足
海燕	菲律宾	超强台风	7日预警	房屋被毁;巨浪、滑坡和泥石流	缺乏应对、协同救助能力;置若罔闻
丽塔	美国	5级飓风	提前3天	死亡119人;油井停产	超100万人转移;30万国民兵待命
卡特里娜	美国	3级飓风	提前56小时预警	死亡1833人;决堤	疏散不力;3.5万人滞留市区
艾琳	美国	3级飓风	提前4天预警	死亡45人;决堤	转移百万居民,地铁关闭
桑迪	美国	3级飓风	提前5天	死亡159人;决堤、雪灾	疏散、政府停工、停课、休市、停运;准备不足
塔拉斯	日本	强热带风暴	提前5天	死亡98人;泥石流等	未强制撤离;被动反应
费林	印度	超强台风	提前5天	死亡45人	转移129万人;海陆空军救援
纳尔吉斯	缅甸	强台风	提前	死亡13.8万人	救助失效;准备不足

“桑迪”导致纽约潮位涨到4.18 m,超过历史最高记录0.6 m以上,严重程度超过1938年登陆纽约地区的大飓风;“卡特里娜”引发高达约8.23 m的风暴潮。另外,影响范围大也是上述热带气旋致灾的一个原因。“海燕”影响菲律宾时的最大长轴接近2000 km,短轴直径也达到了1000 km,大于菲律宾南北两端岛屿距离(约为1000 km),东西岛屿距离只有500 km。其中,10级风圈半径达到160 km,能量巨大。其次是承灾体中,基础设施抗灾能力薄弱。通信、交通、电力设施等无法防御强风,“桑迪”引发的火灾加重了救灾难度。“卡特里娜”“艾琳”“桑迪”影响过程中,都出现了城市内部河道溢洪、溃堤情况;这样的情况对于救灾而言是雪上加霜。类似,相对于强台风或超强台风引发的风浪,包括美国在内的部分地区防洪堤标准较低。

1.5.2　国外台风灾害评估模型

当前,国际上比较完善的台风风险评估模型主要有政府资助的公共模型,如美国联邦应急管理署(FEMA)开发的HAZUS飓风模型、佛罗里达州公共飓风模型(FPHLM),以及模型公司的商用模型,如RMS公司的RISKLINK、AIR公司的CATRADER以及EQECAT公司的USWIND。此外,加勒比海地区飓风巨灾指数保险及巨灾基金项目(CCRIF)、中美洲概率风险评估项目以及日本、澳大利亚、印度等台风多发国家均建立了台风风场模型,用于评估区域台风风险。

1.5.2.1　美国多自然灾害评估模型

地理信息系统(Geographic Information System,GIS)是比较常见的评估自然灾害风险的工具,而灾害系统是一个包含很多次生系统的复杂系统,对灾害风险的评估也是一个系统化的复杂工作,一般的GIS软件无法解决这些问题。针对上述问题,GIS集成工具包可以很好地执行灾害风险评估工作。目前国外已经有一些比较重要的集成工具包，其中较有代表性的一个是美国联邦应急管理署开发的美国多自然灾害评估系统（HAZUS）软件包。HAZUS 共包含 7 个模块：①潜在致灾因子：评估地震、洪水、飓风这三种致灾因子的强度；②数据库：国家级别的暴露数据库，包括全部建筑物、关键设施、交通系统和生命线；③直接损失：研究暴露水平和结构脆弱性，并在此基础上评估不同强度致灾因子所造成的财产损失；④间接损失：次生损失，对应于灾害产生的次生危害，如地震引起的火灾等；⑤社会损失：评估人员伤亡、转移家庭、暂时性避难所的需求；⑥经济损失：评估结构和非结构损失、内容物损失、重新安置成本、商品存货损失、资本损失、工资收入损失、租金损失；⑦间接经济损失：评估灾害造成的区域范围和对区域经济的长期影响。该软件包提供了一个标准化的、全美通用的多灾害损失估计方法，是一个全国尺度的风险研究模型，可以帮助使用者获得地震、飓风、洪水等相关信息，评估灾害风险及其损失并提供应急管理功能。

1.5.2.2 美国佛罗里达公共飓风模型

美国佛罗里达公共飓风模型（FPHLM）主要针对的是佛罗里达地区，通过对飓风进行模拟，然后在模拟的基础上通过脆弱性模型来估算飓风对建筑（住宅、设施等）的破坏，最后进行损失估算。在对飓风进行模拟时主要考虑了大风一个因子，对参保住宅保险损失的预测被视为“准确、可靠”的，由于人们的飓风科学知识和飓风对建筑、设施影响认识不完整，模型建立时的近似和简化以及建筑环境、人口统计资料、经济参数数据库的不完整或者不准确等，FPHLM 系统在评估台风灾害时会产生不确定性。

1.5.2.3 欧洲多重风险评估方法

多重风险评估（Multi-risk Assessment）是一种综合了所有自然和技术致灾因素，对一个特定地区的潜在风险进行评估的方法。该评估方法已在欧洲得到了广泛的应用，评估包含致灾因子、潜在危害、灾害暴露及应对能力等 4 个部分，评估的主要输出结果包括总体致灾因子图、综合脆弱性图和总体风险图。致灾因子图显示的是致灾因子发生的地区和强度，其发生频率和量级数据决定了强度，以此为依据划分 5 个总的致灾因子强度等级，不同致灾因子的相对重要性则应用德尔菲法得到一个权重系数。在上述基础上，将权重系数与强度等级相乘，对所有单个致灾因子的强度加权求和，综合一个地区所有灾害发生的可能性就得到了综合致灾因子图。

1.5.2.4 美国 TAOS 飓风灾害评估系统

美国加勒比海减灾项目建立了 TAOS 飓风灾害评估系统，综合分析了强风、降雨、风暴潮、海浪等致灾因子的危险性。ECLAC 评估方法和澳大利亚 EMA 描述了通过一系列统一和一致的方法来定义和定量灾害损失的工具，是评估灾害对社会经济影响的一系列方法，不是专门针对台风灾害而产生的，但是其面向的灾害范围非常广（包括台风），方法也非常详细，对于台风灾害有一定的效用。ECLAC 评估方法的创新理念在于将灾害损失评估与国家（或区域）长期的社会经济发展规划相结合，从而将灾害风险管理与国家的宏观经济决策有机地结合在一起，同时有效地减轻贫困。ECLAC 评估方法主要是灾后评估。

台风灾害评估方法经历了从定性到定量、从经验到解析、从静态到动态的发展。HAZUS 系统是其中研发较为成熟的模型，其综合考虑了台风风、雨的综合影响，可以估算一场灾害中与灾害相关的灾前或灾后的损毁，估算飓风风灾风险，预测个人和商业住宅的保险损失，其研究思路值得借鉴。

第2章　暴雨灾害评估

2.1　我国暴雨灾害特征

我国是一个暴雨灾害频发的国家，暴雨洪涝灾害也成为我国最为严重的气象灾害之一。暴雨是一种自然现象，能否产生灾害，与地理环境、社会经济、人口、防灾减灾能力等有着直接联系，因而暴雨灾害的发生不仅有自然的原因，而且有社会和人为因素的影响。

2.1.1　暴雨的分布特征

我国地处东亚季风区，西侧为青藏高原，东临太平洋，有着复杂的地形和地理特征，地形复杂，气候多样，我国的降水有明显的地域性和季节性。

我国各地的年降水量分布极为不均匀，大体呈现从东南向西北递减的态势，东南部沿海地区平均年降水量超过2000 mm，而西北地区大部不足250 mm，新疆南疆和青海西北部更是不足100 mm。从逐月降水量变化来看，全国月平均降水量的变化呈现"正态分布"的形势，峰值呈现在7月，然后向前向后递减。我国大部地区的降水也表现为单峰型分布，峰值出现在夏季的7月或8月，华南地区、长江中下游和华西地区的降水量呈现多峰型分布，如华南地区为典型的双峰型分布，主峰值出现在6月中旬（华南前汛期），次峰值出现在8月中旬（华南后汛期）。总体来说，我国的降水主要集中在夏季，占到全年降水量的52%，5月和9月月降水量也相对较大，汛期（5—9月）平均降水量占全年降水量的73%，也是暴雨灾害最易发生的季节。

日降水量、12小时降水量、6小时降水量的极大值分布特征基本一致，呈现南多北少、东多西少的分布态势，其中东北、华北、黄河以南大部地区日降水量极大值普遍为100～300 mm，海南、两广部分地区为400～500 mm，局地超过500 mm；中国最大暴雨出现在台湾新寮，日降水量达到1672 mm。对1小时降水量而言，呈现东多西少的态势，南北差异不大，东部大部地区极大值普遍在50 mm以上，华北平原及其以南地区、西南地区东北部、东北地区等地部分地区可达70～100 mm，局部超过100 mm；小时暴雨极值达198.3 mm（河南林庄，1975年8月5日）。

暴雨，一般指日降水量大于50 mm以上的强降雨。我国常年平均暴雨日数的地域分布也呈明显的南方多、北方少，沿海多、内陆少的特征。华南沿海的年平均暴雨日数在10天以上，华南大部及江西北部、湖北东部、安徽南部等地有5～9天，西南地区东部、江南大部、江淮、黄淮、华北东部及东北地区的暴雨日数在1～4天，而西北地区平均每年不到1天。从年最大暴雨日数分布来看，也呈现南多北少的规律，但数值增大2倍左右，有些地方甚至更多；长江中下游及其以南大部地区最大年暴雨日数有10～15天，安徽西南部、江西东北部、福建西北部、广东北部偏南、南部沿海及海南中东部为15～20天，局地20天以上；东北、华北、黄淮地区、江汉及西南东部等地 3～10 天。

暴雨可分为局地性暴雨和区域性暴雨，在北方以局地暴雨频数为最多，尤其是西北地区，南方多区域性暴雨发生。一般而言，我国的大范围区域性暴雨主要有：华南前汛期暴雨（4—6 月）、江淮梅雨期暴雨（6 月中旬至 7 月下旬）、北方盛夏期暴雨（7 月下旬至 8 月）、华南后汛期暴雨（7—9 月）、华西秋雨季暴雨（9—10 月）等。当然，这是平均状态下的情况，每年的情况会有所不同，区域性暴雨开始和结束的时间也会不同。就全国来说，4—10 月是暴雨的集中期，其实每个月都可能有暴雨发生，比如，2016 年 1 月 26—28 日，华南和江南南部等地出现较大范围的暴雨天气，2013 年 12 月中旬，华南、江南南部、云南南部等地还出现了一次 1961 年以来 12 月最强的一次暴雨过程。

2.1.2　暴雨灾害的特征

天气和气候因素是引发暴雨的直接原因，当暴雨发生后，地理环境成为影响灾害发生的重要因素。地理环境包括降雨区的地形、地貌、地理位置和江河分布等。我国幅员辽阔，地形复杂，既有高原和大山，也有平原、盆地和丘陵。不同的地形对暴雨形成灾害的影响是不同的。就人为因素而言，对暴雨洪涝灾害的影响主要表现在以下方面：破坏森林植被，引发水土流失；围湖造田，影响蓄洪能力；侵占河道，导致洪水下泄不畅，很容易形成堤坝决口等而引发洪水；防洪设施标准偏低，一旦遭遇历史罕见洪水发生，则必然酿成大水灾；大中城市过量抽取地下水，引起地面沉降，加剧了城市洪涝险情。

暴雨灾害的种类主要有流域性或区域性洪涝、城市内涝以及暴雨引发的山地灾害等。大范围持续性的暴雨，容易引发流域性或区域性洪涝，特别是自 20 世纪 90 年代以来，我国洪涝灾害呈明显上升的趋势，如 1991 年淮河流域大洪水，1994 年华南特大暴雨，1995 年鄱阳湖水系大水，1996 年洞庭湖、长江流域洪水，1998 年长江、松花江、嫩江等全流域性特大洪水，1999 年太湖流域洪涝，2003 年淮河流域大洪水，2005 年珠江流域大洪水，2007 年淮河大洪水，2013 年松花江、嫩江大洪水，2016 年太湖流域洪涝等。在气候变暖的大背景下，局地性极端暴雨灾害频发多发，频频出现“城市看海”的景象。如，北京 2012 年“7・21”特大暴雨，最大雨量达 460 mm，并引发严重的山洪、泥石流灾害；济南 2007 年“7・18”暴雨，仅维持 3 小时，市区平均雨量达 146 mm，造成济南 33 万人受灾；广州 2010 年“5・7”大暴雨，12 小时降雨量超过 213 mm，地下停车场被淹，市区交通瘫痪。

暴雨灾害的发生具有季节性，与暴雨的分布特征类似。就地域而言，暴雨灾害也有着明显的区域性特征。暴雨灾害主要发生在第二阶梯和第三阶梯。第一阶梯为青藏高原，基本上很少出现暴雨，因而暴雨灾害发生的机会很少。第二阶梯有高原、山地和盆地，其东侧也是我国的重要暴雨带，由于地形地貌等原因，暴雨多会引发山洪、泥石流和滑坡等灾害，尤其是西南地区和西北地区东南部是地质灾害多发重发区。四川盆地西侧和北侧是我国大暴雨经常发生地之一，为长江上游多条支流流经处，极易引发洪涝灾害，如 2010 年 7 月下旬持续暴雨引发嘉陵江、岷江和沱江发生超警洪水，嘉陵江支流渠江、汉江支流任河与坝河发生超历史记录的特大洪水，长江上游干流发生超保证水位洪水。第三阶梯位于大兴安岭—太行山—雪峰山以东，为平原、丘陵和低山组成，多河流分布，我国的大暴雨大多分布在此，也是暴雨洪涝灾害最为频发的区域。其中，东北平原、黄淮海平原、长江中下游平原和珠江三角洲平原，处于七大江河的中下游，为我国经济最发达的地区，也是暴雨灾害防范重点区域。有研究表明，长江中下游地区是暴雨洪涝灾害最为频繁的地区，这一地区汛期长，4—9 月均可能会发生洪涝灾害；其次为华北地区，海河流域是扇形分布河道，上游为太行山、燕山，一旦上游发生洪水，下游极易产生洪涝灾害。

自 20 世纪 90 年代以来，随着经济的快速发展，暴雨灾害造成的直接经济损失也有增加趋势(图 2.1)，但相对损失值(即直接经济损失占当年国内生产总值 GDP 的比重)显著下降，特别是 21 世纪以来，维持在 1%以下(图 2.2)。就死亡人数而言，在 1998 年以前呈上升趋势，随后呈下降趋势，总体来说 90 年代以来暴雨灾害造成的人员伤亡呈减少趋势(图 2.3)。这一方面反映出防灾减灾能力提高，另一方面也可能是由于流域性洪水减少，难以造成大范围的经济损失和人员伤亡。值得注意的是，在气候变暖的背景下，极端事件趋多趋强发生，局地性暴雨

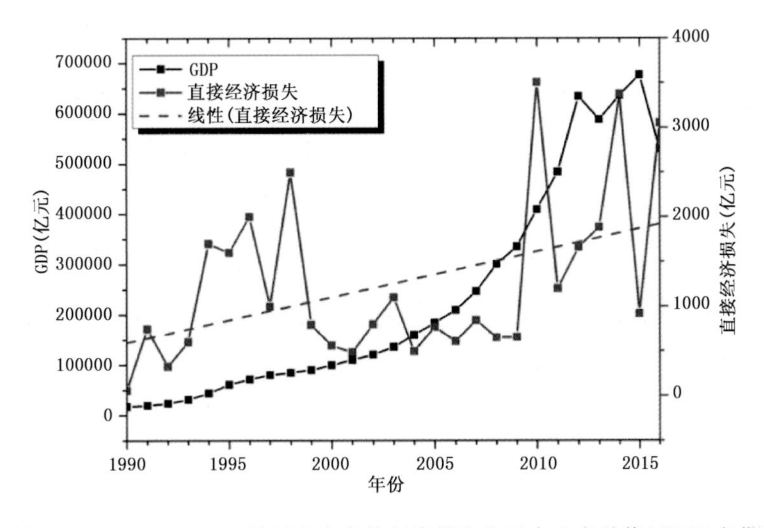

图 2.1　1990—2016 年暴雨灾害直接经济损失和国内生产总值(GDP)变化

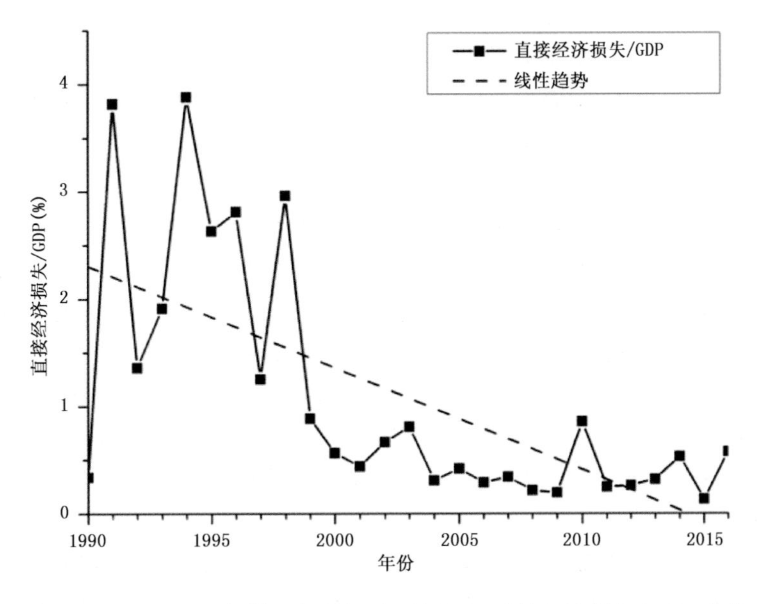

图 2.2　1990—2016 年暴雨灾害相对经济损失(直接经济损失/GDP)变化

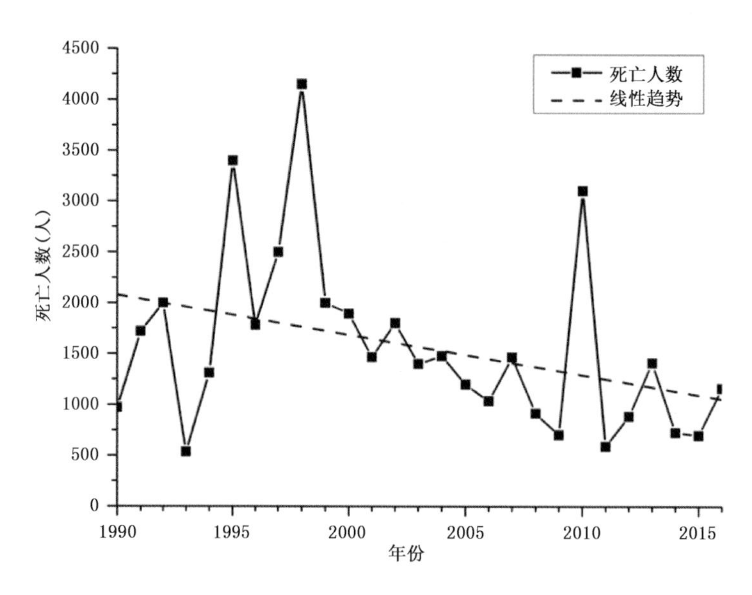

图 2.3　1990—2016 年暴雨灾害死亡人数变化

灾害频发多发，引发山洪、滑坡、泥石流等次生灾害，造成损失。例如 2010 年 8 月 7 日甘肃舟曲县出现局地突发性强降雨，引发特大山洪、泥石流灾害，造成 1800 多人死亡、失踪，也正是由于这种局地暴雨灾害导致 2010 年死亡人数出现异常的高值。

2.1.3　近些年主要的暴雨灾害事件

2.1.3.1　区域性或流域性暴雨洪涝灾害

(1)2007 年汛期淮河大水

2007 年汛期淮河流域也发生了长时间的强降水，降水时间大约始于 6 月 19 日，止于 7 月 26 日，长达 38 天。淮河流域的降水基本在 500 mm 以上，淮河干流大部降水大于 600 mm，局部超过了 800 mm(图 2.4)。其中，6 月 29 日至 7 月 10 日，属于典型的"连阴雨"梅雨期，主要雨带位于淮河干流流域，是 2007 年淮河流域的主要降水时段，12 天内大范围的暴雨日数就达 8 天，持续性的强降水使得淮河水位持续上涨。

7 月 3 日 20 时，王家坝水位超警戒水位(27.50 m)，6 日 5 时出现洪峰水位 28.38 m，10 日上午超保证水位 29.30 m，为削减第二次洪峰的压力，王家坝于 10 日 12 时 28 分开闸泄洪，蒙洼蓄洪区蓄洪。2007 年淮河流域梅雨期间，王家坝共经历 4 次洪峰，最高 29.59 m，超警戒水位运行达 26 天。淮河流域共启用老王坡、蒙洼、荆山湖等 10 处行蓄洪区。王家坝水量超 2003 年，成为自 20 世纪 50 年代以来仅次于 1954 年的流域性大洪水，河南、江苏和安徽遭受了巨大的经济损失。据初步统计，江苏受灾人口 425 万人，安徽 1642.9 万人。

(2)2010 年海南持续性暴雨

受弱冷空气和南海辐合带共同影响，2010 年 9 月 30 日至 10 月 18 日，海南省连续出现两次大范围持续性强降雨过程，两次暴雨天气过程间隔之短(中间仅有 10—12 日 3 天为阵雨天气)，大暴雨持续日数之多(18 天内，部分站点大暴雨日数高达 15 天)，为历史罕见。海南岛东半部共有 154 个乡镇累计雨量超过 1000 mm，其中 61 个乡镇累计雨量超过 1500 mm，文昌、

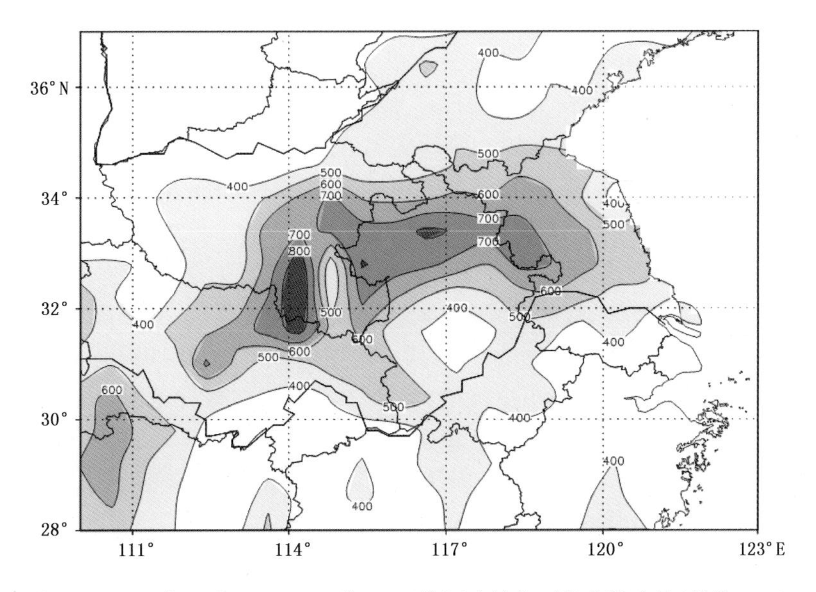

图 2.4　2007 年 6 月 19 日至 7 月 26 日淮河流域梅雨期总降水量(单位:mm)

琼海和万宁有 7 个乡镇累计雨量达到 2000 mm 以上,文昌市文城镇最大,为 2098.2 mm。海南全省累计平均降水量达 954.8 mm,为常年同期(169.6 mm)的 5 倍多,为历史同期最多(图 2.5)。海南岛东半部 11 个市县过程累计雨量均超过当地年降雨量的一半,其中,琼海、文昌和万宁累计降雨量接近年降雨量。期间,琼海(701.9 mm)、万宁(392.2 mm)、文昌(297.2 mm)日降水量突破历史极值。

受持续性强降雨影响,造成海南省江河洪水泛滥,大量农田被淹,40 多万人被洪水围困,多处发生山体滑坡等次生灾害,水利、交通、通信、供电、市政等基础设施都遭受较为严重的破坏,水产养殖和农业种植业遭受严重损失。

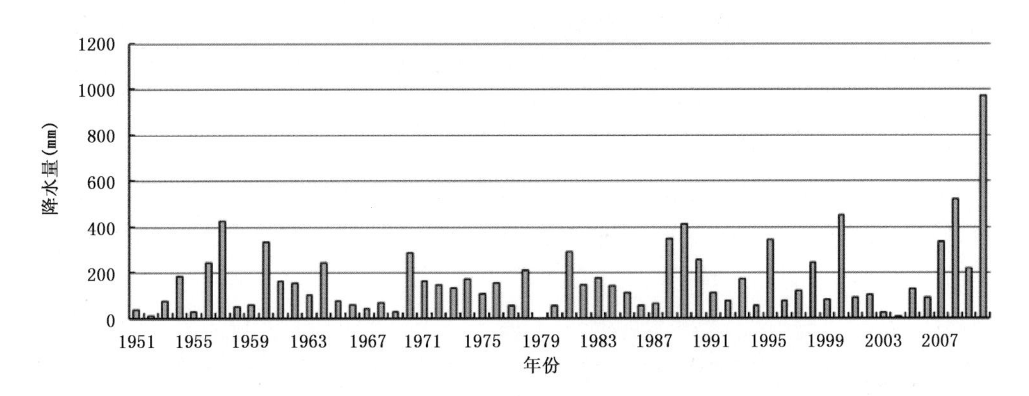

图 2.5　1951—2010 年 9 月 30 日至 10 月 18 日海南省平均降水量历年变化

(3)2013 年松花江、嫩江大洪水

2013 年 7—8 月,东北地区共出现 9 次较强降雨过程,平均降水量 275 mm,为 1999 年以来同期最多。与此同时,俄罗斯远东地区的结雅河和布列亚河流域(黑龙江支流)平均降水量达 254.5 mm,较常年同期偏多 62%,导致俄罗斯远东地区出现了 120 年来最大的洪灾。受本地持续降雨和上游俄罗斯东部地区来水影响，嫩江、松花江、黑龙江同时出现超警戒水位的流域性大洪水，松花江流域发生1998年以来最大洪水，黑龙江发生1984年以来最大洪水，嫩江上游发生超50年一遇的特大洪水，部分江段洪水超百年一遇。

(4)2016年7月中下旬华北黄淮等地暴雨灾害

2016年7月18—21日，北京、天津、河北、河南大部、山西中南部、山东中西部、辽宁西南部以及湖北中部等地部分地区累计降雨在100 mm以上，北京、河北、河南、湖北等局地300～680 mm，河南林州、河北邯郸局地达700～771 mm(图2.6)。大暴雨面积约36.9万km^2，特大暴雨面积3.6万km^2，此次过程为2016年北方最强降雨过程。期间，北京大兴(242 mm)、河北井陉(379.7 mm)和武安(374.3 mm)、山西平定(192 mm)、辽宁建昌(184.4 mm)等22个县(市)日雨量突破有气象记录以来历史极值，河南林州市东马鞍日降雨量703 mm，超过林州市常年平均降水量(649 mm)，河北赞皇县嶂石岩19日16—17时降雨139.7 mm，是2016年北方最大小时雨强，仅次于湖北泉山7月7日夜间158.8 mm的小时雨强。

据民政部门的数据，此次强降雨造成北京、天津、河北、山西、河南、山东6省(市)1600多万人受灾，204人死亡，121人失踪，58.3万人紧急转移安置，农作物受灾面积1310多千公顷；直接经济损失212.2亿元。其中，河北、山西、河南三省灾情突出。

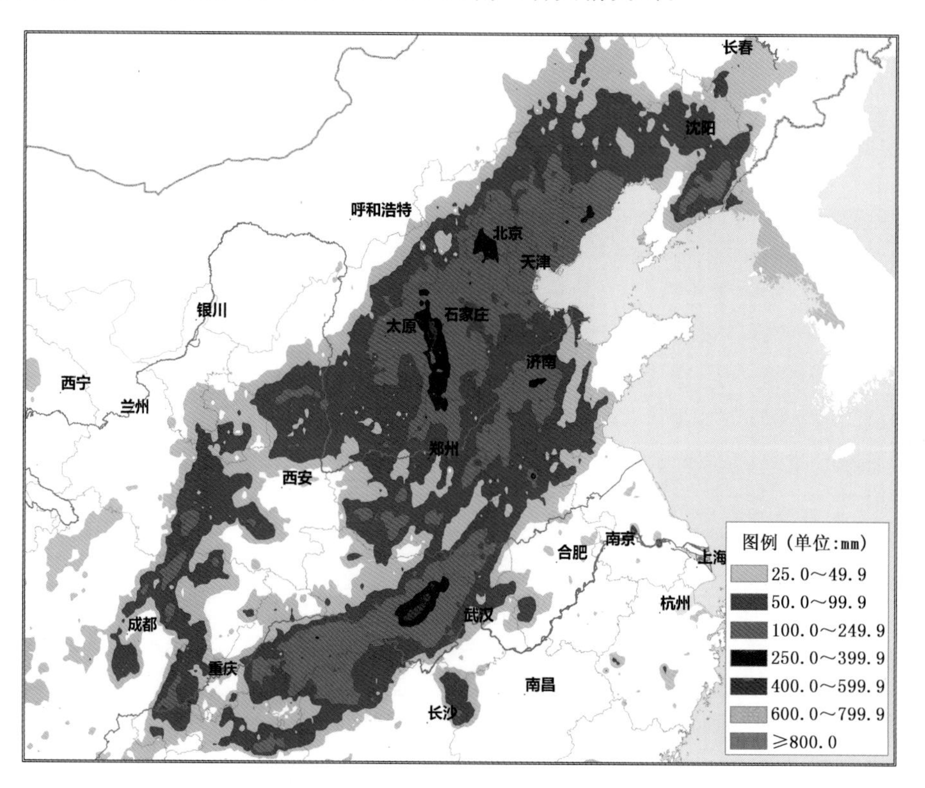

图2.6　2016年7月18日08时—22日08时华北黄淮降水量实况

2.1.3.2　局地性暴雨灾害

(1)2007年山东济南“7·18”暴雨灾害

2007年7月18日傍晚前后，山东省济南市出现了超历史极值的短时强降雨，降水从17

时开始到20时30分前后减弱，市区1小时最大降水量达151 mm，2小时最大降水量达167.5 mm，3小时最大降水量达180 mm，均是有气象记录以来历史最大值。由于雨强大、雨势猛，济南出现严重内涝，大部分路段交通瘫痪，因灾有30多人死亡，170多人受伤，约33万群众受灾，直接经济损失约13.2亿元。

(2)2010年甘肃舟曲特大山洪泥石流灾害

2010年8月7日夜间，甘肃省南部出现分布极不均匀的降雨天气，具有局地性强、短时强度大、突发性强等特点。降水量一般为5～30 mm，只有两个测站观测到强降雨，最大降水量出现在舟曲县城东南部10 km的东山镇，为96.3 mm，舟曲县西北方向上游的迭部县代古寺为93.8 mm。东山镇最大小时雨量达77.3 mm（图2.7）（舟曲县城8月平均降水量74.7 mm），迭部县代古寺最大小时雨量达55.4 mm。局地短时强降雨引发了特大山洪泥石流灾害，造成了1557人死亡，284人失踪。

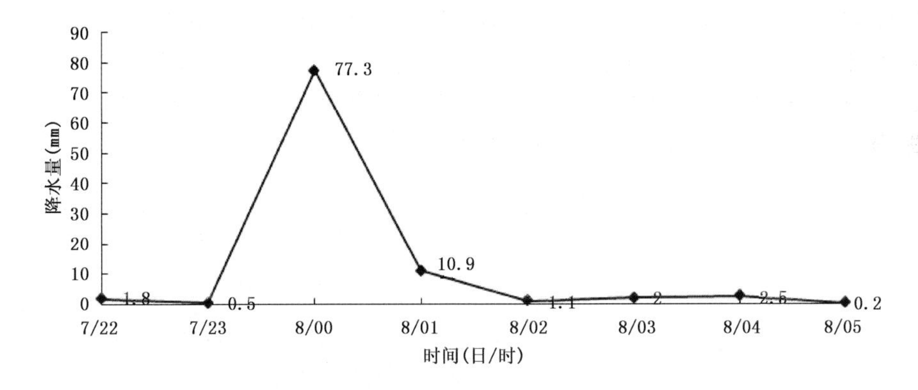

图2.7　甘肃省舟曲县东山镇8月7日22时至8日05时逐小时降雨量实况

(3)2016年福建泰宁泥石流灾害

2016年5月8日05时，福建三明市泰宁县开善乡发生泥石流灾害，池潭水电厂1座办公楼被冲垮、1座项目工地住宿工棚被埋压，截至5月11日共造成35人遇难，1人失联。

气象监测显示，5月1日以来，福建泰宁地区持续出现降雨天气。截至8日14时，泰宁地区累计雨量有200～400 mm。其中，7日20时至8日14时，泰宁县降水量达227.8 mm，破当地历史日最大降水量记录（215.2 mm，2005年6月21日）；开善乡雨量达241 mm，1小时最大雨量达52 mm（图2.8）。

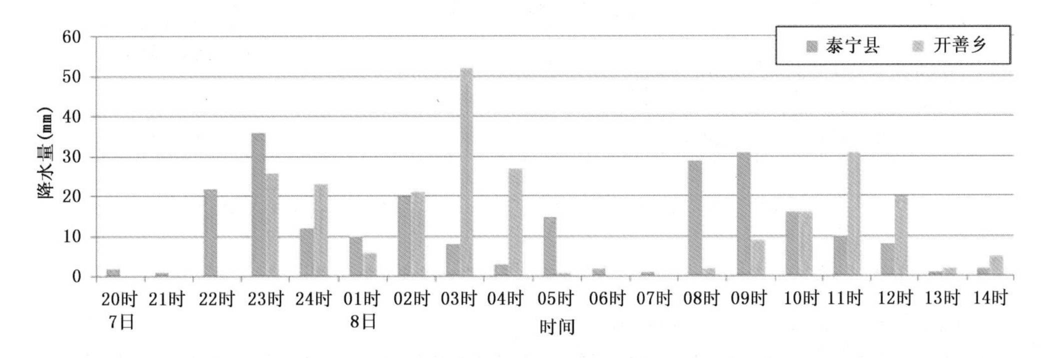

图2.8　福建泰宁县和开善乡逐小时降水量

2.2　国内外暴雨评估研究进展

WMO于2008年提出了各气象组织要发展基于影响的预报与预警业务。近些年来,国内外在自然灾害风险评估和暴雨灾害评估方面进行了大量的研究和探索,也取得了不少的成果,本章节主要对这些研究进展做简单的总结分析。

2.2.1　国内外灾害评估研究进展

国外针对灾害评估的研究起步较早,从20世纪三四十年代开始就陆续有研究,并逐渐有大量的研究成果,20世纪70—90年代形成了较完整的理论体系,国外的研究更多的是针对自然灾害风险评估,我国针对暴雨等气象灾害的研究也基本是借鉴国外自然灾害风险评估的成果。我国的灾害评估工作起步较晚,20世纪90年代以后气象灾害评估才开始受到重视,目前国内不少学者或专业人员在暴雨灾害风险评估研究方面进行了尝试,并取得一定的成果,国家气象中心和广东、上海、福建、辽宁、吉林等省(市)气象局也已开展了暴雨灾害影响评估的研究和试验工作,建立了一些相应的业务评估模型。经过调研分析,国内外相关领域的研究大体可归为灾害风险机理、脆弱性、风险评估方法、风险管理等四个方面。

2.2.1.1　灾害风险机理研究

1989年Maskrcy提出自然灾害风险是危险性与脆弱性(易损性)之代数和。1991年,联合国ISDR提出:自然灾害风险=危险性×脆弱性,此观点的认同度较高,并有广泛的运用。Okada等(2004)认为自然灾害风险是由危险性、暴露性和脆弱性这三个因素相互作用形成的。史培军等(1991)国内学者认为自然灾害风险是由致灾因子、孕灾环境和承灾体综合作用的结果。同时,史培军(2002)也指出灾害风险评估主要包括广义和狭义两种,前者是对灾害系统进行风险评估,即在对孕灾环境、致灾因子、承灾体分别进行风险评估的基础上,对灾害系统进行风险评估;狭义的风险评估则主要是针对致灾因子进行风险评估。

通俗地说,自然灾害风险的形成机制其实是一个人类社会与自然环境相互作用的机制,即人类社会(承灾体)影响孕灾环境,而孕灾环境通过致灾因子影响承灾体的相互过程。承灾体的脆弱性和致灾因子的危险性成为自然灾害风险评估中最为核心的因素,从某种程度上说,对于脆弱性、危险性的认识,决定了对于灾害风险形成机制的认识。

2.2.1.2　脆弱性研究

在特定的孕灾环境和同等致灾因子作用下,承灾体脆弱度越大,风险越大。承灾体的脆弱性研究是灾害风险研究和传统致灾因子研究的桥梁,也是灾害评估的核心之一。国际上有两类自然灾害脆弱性的评估方向,基于巨灾的脆弱性评估和基于社区的脆弱性评估,前者研究脆弱性主要为计算巨灾来临时损失的可能性,后者研究着重分析特定社区脆弱性的决定因素,从中找出风险的可能原因。近些年,国内外学者们通过对自然灾害脆弱性的成因和机理的大量研究分析,得到了脆弱性概念模型,目前主要有RH(Risk-Hazard)模型、PAR(Pressure-and-Release)模型、HOP(Hazards-of-Place)模型和SD(sustainable Development)模型,为脆弱性定量研究提出了理论基础。英国洪灾研究中心将建筑物大致分成21种类型,考虑2种洪水延时情况及4种社会条件,分别构建了168条不同建筑的淹没深度与损失曲线(Penning-

Rowsell et al.，1977)，这是目前洪水灾害脆弱性曲线研究最为详尽的成果之一，并已用于英国居住用房的水灾脆弱性评估，取得了良好的效果。我国在这方面的研究起步较晚，大部分研究仅考虑淹没水深。王豫德等(1997)针对上海地区建立了不同淹没水深条件下灾损曲线；尹占娥等(2010)在多次上海地区台风暴雨灾情调查基础上，构建了上海城市居住房屋及其室内财产的淹没深度—灾损率曲线。

2.2.1.3　评估方法研究

经过多年的发展，国内外灾害风险评估方法已逐渐从定性转为定量评估，目前主要有以下三种。

(1)基于评估体系构建的数理统计方法

国际上采用比较多的数理统计方法主要有概率统计、模糊数学、基于信息扩散理论、加权综合评价、层次分析、灰色系统、人工神经网络、主成分分析等方法。这些方法在暴雨等灾害风险评估中都有着不少的应用，针对不同的情形有不同的应用特性。一般来说，这些方法主要是从致灾因子危险性、承灾体脆弱性等方面进行考量，构建研究区灾害风险评价指标体系，利用数学模型计算指标的权重以研究风险等级。

袭祝香(2008)采用概率统计分析的方法建立了吉林省重大暴雨过程评估模型，通过统计方法得到异常气候重现期指标对暴雨事件进行等级划分，能很好地代表该区域的暴雨灾害特征，可以快速做出评估和灾前预评估；李春梅等(2008)选取了包括降水量、暴雨强度、降雨持续时间、灾害影响面积等指标中的 11 个暴雨致灾因子，利用主成分分析法建立了一个客观定量的暴雨综合影响指标，并与历史灾情数据库相对应，通过计算暴雨过程的暴雨综合影响指标，可以评估出该暴雨过程的灾害损失，如直接经济损失、死亡人数、受灾人口等。但这些国内的暴雨评估很大一部分还是狭义上的灾害风险评估。

数理统计方法具有建模与计算简便等优点，可以宏观上反映区域风险状况，有着很广泛的应用。但评估指标的选取往往受制于数据的可获取性，难以反映灾害系统的不确定性与动态性，也不适用于小尺度区域的灾害风险评估。特别是基于灾情的风险评估，由于灾情数据限制，只适用于大尺度区域灾害的静态评估。

(2)基于 GIS 与 RS 的风险评估方法

随着地理信息系统 GIS 与遥感 RS 技术的不断发展，其在灾害评估和灾害动态监测、调查等方面应用越来越广。其主要是借助于 GIS 技术提取灾害时遥感图像中的丰富信息数据，利用构建的风险分析模块，分析评估研究区灾害风险的大小。

例如，Tanavud(2004)利用同一地区多次历史洪水灾害发生时遥感影像，根据区域历次灾害中淹没范围信息解读、评估区域灾害风险大小；郑伟等(2007)提出了利用星载雷达系统 Asar 在灾中得到的雷达图像和灾前或灾后的 TM 影像复合，以快速、准确得到洪水淹没范围的方法；朱静(2010)提出了一种基于遥感和 GIS 的城市山洪灾害风险评估方法，即利用高分辨率遥感影像提取承灾体类型的可靠数据用于易损性分析和期望损失评估的价值计算，并以实例对该方法进行验证；宫清华等(2009)将 GIS 技术与自然灾害风险评估理论相结合，完成了对广东省洪涝灾害风险的分析并编制了综合风险区划图；国家气象中心利用数理统计方法并结合 GIS 技术，综合考虑地形、河网密度、高程差等因子，构建了暴雨灾害综合风险评估模型。

基于 GIS 和 RS 技术的灾害风险评估方法，有着方便快速、客观准确和综合集成等优势，可以更直观地反映区域灾害的空间分布特征，也可以为灾害发生后的抗灾减灾提供信息支持，大大缩短反应时间，但这种方法往往受限于遥感图像的空间分辨率大小，比较适合在大尺度区域开展风险评估。

(3)基于机理研究的评估建模

该方法是在风险机理研究的基础上，对灾害未来可能出现的情景进行模拟、分析和评估，从而得到灾害风险评估的最终结果。该方法极大地提高了灾害风险评估的精度，较为准确地衡量承灾体的损失状况，较为直观地展现了承灾体的受灾情形，成为目前灾害风险评估研究的热点。

国外在风险研究机理的基础上发展了许多较为成熟的灾害风险的评估模型，如联合国救灾组织提出并以灾害救助的决策与计划手册形式发布的 UNDRO 模型、美国国家海洋大气局提出 NOAA 模型、加拿大 1992 年提出的 EPC 模型、美国联邦应急管理署发布的一个灾害风险分析模型 FEMA 模型、澳大利亚灾害协会建立的评估灾害风险 SMUG 模型等。尤其是在洪涝灾害风险研究中应用最多，西方国家的水文气象学家从 20 世纪 80 年代就开始对城市的积涝问题进行了研究，如美国联邦应急管理局开发了 HAZUS-MH 灾害评估及模拟系统，用以分析和预测洪水、飓风或地震所带来的灾害损失；瑞典国家水文气象局开发的 HBV 水文模型为基于 DEM 划分子流域的(subbasin)半分布式的概念性水文模型。通过划分子流域，显现出下垫面和降雨空间分布的差异。已划分的子流域根据高程、植被覆盖、湖泊区等再次划分为不同带。多种情况下模型误差小于 20%，非常适用于大流域。模型不同版本已在全世界 40 多个位于不同气候区的国家，如瑞典、津巴布韦、印度、哥伦比亚和中国等国家的洪水预报、水资源评估、营养盐负荷估算等领域得到广泛应用。

国内在模拟评估方面研究刚刚起步，与国外比较还有很大的差距，现在的模型更多的是借鉴或改进国外的模型发展起来的。当然，国内的学者们也正在进行着积极的探索研究。例如，张振国等(2015)基于 PGIS、情景分析和概率统计等方法，构建了城市社区暴雨内涝灾害风险评估的理论框架和模型，提出了基于 PGIS 和情景模拟的城市社区暴雨内涝灾害风险评估方法，为我国社区灾害风险评估提供统一的范式与方法。

基于机理的评估方法能够形成对灾害风险的可视化表达，实现灾害风险的动态评估，极大地推动了灾害风险评估的精度，是自然灾害风险评估发展的必然趋势。但是，该方法由于针对承灾个体，对区域的地理背景资料(地质、地貌、地形、河网等)要求较高，计算复杂，不适合在大尺度(范围)区域灾害评估，另外所采用的模型边界情景设定往往缺乏科学依据，对研究区域基于一定概率水平的极端风险情景的研究明显不足。

2.2.1.4　防灾减灾理论研究

灾害风险评估研究的根本目的是减轻灾害风险。张继权(2007)提出：自然灾害风险度＝危险性×暴露性×脆弱性×防灾减灾能力，国际上对防灾减灾方面也有不少的研究，并形成了一定的理论体系，对实际的防灾减灾有很好的指导作用。防灾减灾是风险管理的重要组成部分，主要包括恢复力、弹性、适应性等方面的研究。George(1989)、王静爱等(2006)认为恢复力则是一种表征过程的量，特指承灾体有了损失即灾情产生后，弥补损失、恢复到正常或更高水平的能力。在灾情已经存在的情况下，社会系统如何自我调节、消融间接损失并尽快恢复到正常的能力，主要用于灾后恢复、重建计划的制定，即找出薄弱环节及灾后高效恢复的措施和途径。获取系统的恢复力是积极的减灾行为，减少脆弱性只是由此产生的一种反应性结果。

Holling (2001)和 Gunderson 等(2002)等提出了增长与重建的适应回路理论,即通过渐进的改良,降低承灾体的脆弱性,提高承灾体的抗灾能力。

2.2.2　小结与展望

灾害风险评估是当前乃至未来重要的科学前沿问题之一。灾害系统的结构体系是由致灾因子、孕灾环境与承灾体共同组成,功能体系由致灾因子危险性、孕灾环境不稳定性和承灾体脆弱性组成。就广义上的暴雨灾害评估内容而言,主要包括以下几项工作:选择致灾因子,建立灾害评估数据集;建立致灾因子、孕灾环境、承灾体、防灾能力等暴雨灾害评估指标体系;确定合适的灾害评估方法;建立相关的灾害评估模型;对模型的精确性和适用性进行检验。从国内外针对灾害风险评估的研究现状来看,无论是在理论研究方面还是在业务应用方面,还有一些问题需要研究改进。

(1)优化暴雨灾害风险评估指标体系。国内的暴雨灾害风险评估与区划研究应用工作起步较晚,其相关的应用理论和技术还很不成熟,尽管有了不少的研究成果,但考虑还很不全面,比如针对不同的行业、不同的承灾体,其致灾机理不同。为此,一方面要加强暴雨灾害形成机理研究,另一方面要不断总结、提炼、完善区域地质条件评价与分析方法,才能保证评估具有科学性和合理性,并建立合理、针对性强的暴雨灾害风险评估指标体系。

(2)加强脆弱性曲线研究。承灾体脆弱性和致灾因子危险性是灾害风险评估的核心所在。针对脆弱性曲线综合化的发展趋势,需要建立多层次、多种方法综合的方法体系,综合分析处理灾情统计数据、地理信息数据、遥感数据等多源数据以用于脆弱性曲线的构建。目前,承灾体信息很不完备,需要通过调查获取,符合各地承灾体状况的承灾体脆弱性曲线更是非常缺乏,需开展针对性的调查和研究。

(3)完善暴雨灾害风险评估方法。常用的灾害评价方法主要是基于专家经验和数理统计学的方法,前者对于影响灾害发生的评价因子的分级以及权重的确定多依赖于专家的经验,具有主观性和不确定性;后者对评价因子进行分级并确定权重,存在实用性较差、应用范围较窄的缺陷。如何通过整合这两种方法来取长补短,充分发挥其优点又尽量摒弃其不足,是一个很好的研究方向。

(4)加强暴雨灾害动态评估研究。当前,国内的暴雨灾害风险评估以静态评估为主,但实际上孕灾环境是不断变化的,承灾体也不是一成不变的,而且灾害经常以灾害链或灾害群的方式发生。这就需要加强不同尺度区域的暴雨灾害风险情景模拟和评估研究,实现洪涝灾害综合风险动态评估,同时综合考虑多种灾害的叠加影响,提高暴雨灾害风险管理水平。

2.3　暴雨评估因子和灾害链

2.3.1　暴雨评估因子

2.3.1.1　致灾因子

致灾因子是指一种危险的现象、物质、人的活动或局面,它们可能造成人员伤亡,或对健康产生影响,造成财产损失、生计和服务设施丧失、社会和经济受损或引发环境损坏。

王莉萍等(2015)将暴雨过程定义为日降水量达到某降水强度的测站数大于或等于评估区

测站总数的5%，选取日降水强度、覆盖范围和持续时间3个暴雨致灾因子。

(1)日降水强度

日降水强度 R 定义为评估区域按照降水过程定义选取测站的日最大降水量平均值和过程降水量平均值的加权平均，权重取0.5。即

$$R = \frac{\sum_{i=1}^{n}(r_{\max})_i + \sum_{i=1}^{n}\frac{\sum_{d=1}^{m} r_d}{m}}{2n} \tag{2.1}$$

式中，n 为按照降水过程定义选取的所有测站数，i 的取值范围是[1, n]；$(r_{\max})_i$ 为第 i 个选取测站日最大雨量值(单位：mm)；m 为降水过程开始到结束的持续时间(单位：d)；d 的取值范围是[1, m]，r_d 为按照降水过程定义选取的测站第 d 天日雨量(单位：mm)。

(2)覆盖范围

$$C_p = \frac{n}{N} \tag{2.2}$$

式中，n 为按照降水过程定义选取的所有测站数；N 为评估测区总站数。

(3)持续时间

持续时间 T_0 是指从降水过程开始到降水过程结束的时间，即持续时间。扈海波等(2013)认为，暴雨灾害的致灾因子主要体现在降水强度和频次上，在计算致灾因子危险性指数时，需要将降水强度统一到一个可比量纲上。由此，采用等效日降水量作为这个可比的量纲，它在概念上表示为一定时段内的降水强度等效于日降水量的值，可利用日降水量 D 和一定时段降水量 P 之间的关系，确立某一降水持续时间 T(单位：h)的降水量和日降水量之间的等效降水量转换关系，即

$$D = 4.216\ PT^{0.475} \tag{2.3}$$

式中，换算后得到某持续时间 T 内的降水量 P 对应于日降水量 D 的值。在得到不同降水时段内的等效日降水量后，利用下式计算致灾因子的危险性指数，即

$$\begin{cases} H = 0,\ D < p' \\ H = \exp\left(\frac{D}{p'}\right), D > p' \end{cases} \tag{2.4}$$

式中，p' 为累计降水阈值；H 为降水过程所引起的危险性指数，设定日降水量或等效日降水量超过50 mm才有影响，即暂以50 mm日降水量的暴雨划分标准作为产生积涝的临界气象条件。

另外，安徽省利用流域面雨量与河流水文特征间的关系，建立降水—径流的实时模拟模型，并基于若干典型灾害案例或防洪设施标准，采用上述模型进行反演分析产生致灾临界气象条件用以判断是否进行风险评估；贵州省同样利用逐小时水位资料和流域内乡镇雨量数据，探索水位和雨量之间的关系，获得该流域的致灾临界面雨量；福建省利用概率统计方法估算出水位重现期，利用雨量和水位的关系式反演临界水位和雨量。

2.3.1.2 孕灾环境

孕灾环境是指由自然与人文环境所组成的综合地球表层环境以及在此环境中的一系列物质循环、能量流动以及信息与价值流动的过程—响应关系。

形成暴雨灾害不仅与大气环流背景有关，还与该地区的下垫面状况密不可分。下垫面的

地形地貌非常复杂多变，在这种地形地貌的影响下，区域内在不同的季节表现出千差万别的天气状况。海拔高度、坡度、坡向等地形地貌复杂程度，对气象灾害的强度、频率等产生很大影响。

孕灾环境稳定性指数（*DE*）：孕灾环境是洪涝灾害发生的背景。在城市水灾的孕灾环境中，通常可划分为天气因素和下垫面因素两部分。其中天气因素主要指暴雨，一个城市降雨的频度、强度和历时将直接影响其洪涝灾害的严重程度。

下垫面因子相对复杂，是城市水灾危险性评价的重点。它一般由地形、河网、湖泊（包括水库）和防洪设施等组成，这些因素综合作用形成城市孕灾环境的特性。其中，地形对洪水起着关键性作用，城市的绝对高程越低，相对周边地区的地势越低，洪水危险性就越高。河网对洪水影响较为明显，离河道越近的地方，遭受洪水侵袭的可能性越大，且洪水的冲击力越强。不同级别的河流其影响范围是不同的。河网越复杂，水域越破碎，洪水危害的危险性就越高。一般来说，湖池、水库属于低洼地段，对城市洪水能起到调蓄作用。城内的湖池可以蓄水，减少积涝之患；城外的湖池能降低洪水水位，防止或减轻洪水侵城之灾。但有的城市湖泊处于相对地势较高的区域，甚至呈包绕城市的状态，这不仅使其防洪能力减弱，而且在洪峰来临之时还会加重城市洪涝灾害的威胁。另外，城市本身的防洪建设，如护城河、防城堤等在减轻外部洪水侵害、保护城市安全方面起到了重要作用。

利用遥感卫星图片，按照上述原则对各城市的孕灾环境下垫面组成关系进行分类，采用半定量方法，针对各个模式中的地形因子（*T*）、河网因子（*R*）、湖泊因子（*L*）以及防洪因子（*P*）对洪涝灾害的影响分别评定稳定性系数（表2.1），构建乘积模型作为下垫面稳定性指数 *XD*，即

$$XD = T \times R \times L \times P \tag{2.5}$$

表2.1　城市水灾孕灾环境各因子的稳定性系数划分

稳定性系数	地形因子（*T*）	河网因子（*R*）	湖泊因子（*L*）	防洪因子（*P*）
1	城市相对地势高	城市无主要河流经过	少湖泊且湖泊相对地势低	有护城河等，堤防标准高
2	城市绝对高程低，相对高程变化不大	城市有干流或一级支流通过	无湖泊或具有少量相对地势高的湖泊	防洪能力中等
3	城市相对地势低	河网密布或水域破碎或临海	相对地势高或地势低的湖泊众多	防洪标准低

另外，童亿勤等（2007）认为宁波水旱灾害的孕灾环境是在天气气候因子、地貌因子、水文因子、土壤植被因子、社会经济因子、防洪抗旱能力因子等自然因素和人为因素的共同作用下产生和发展的。邵晓梅等（2001）从自然地域分异规律的角度出发，分析了河北省旱涝灾害孕灾环境的气候、地貌、水文三要素对洪涝灾害形成的影响。万君等（2007）认为地形及河网、江、河、湖泊和水库的分布以及土地覆盖类型对湖北省洪灾的危险性最大。蒋卫国（2008）选取地形、河流湖泊分布、土地利用、植被覆盖以及土壤作为孕灾环境的评价指标，以GIS空间技术为手段，结合致灾因子和承灾体，建立了洪水灾害风险评估模型。

2.3.1.3　承灾体

承灾体（分类分布）是指致灾因子作用的对象，是人类及其活动所在的社会与各种资源的集合，包括人类本身以及人类认为有价值的财产及自然资源。

承灾体分类：如产业分类、土地利用分类、建筑物分类、农作物分类。

承灾体分布：如统计数据、卫星或者航空遥感数据、实地调查数据。

承灾体（暴露性）是指人员、财物、系统或其他东西处在危险地区，因此可能受到损害。可以用来衡量暴露程度的有：某个地区有多少人或多少类资产，并结合暴露在某种致灾因子下物体的脆弱性，来估算所关注地区与该致灾因子相关的风险数值。

物理暴露计算：

DRI（UNDP 研究的灾害风险指数系统）识别暴露在每一种致灾因子下的地区以及人口，并利用地理信息系统标识出来。它用绝对人口数量和相对人口数量两种方法计算物理暴露。

（1）在每一个暴露区，多种致灾因子发生频率乘以当地人口，即

$$PhExp_{\mathrm{nat}} = \sum_i F_i \cdot Pop_i \tag{2.6}$$

式中，$PhExp_{\mathrm{nat}}$ 为国家级别上的物理暴露；F_i 是在一个空间单位上，一种特定强度时间每年发生的频率；Pop_i 为一个空间单位上的总人口。

（2）当一个特定强度事件的年频率的数据没有办法获得时，物理暴露计算方法是受灾人口除以统计时段的年数，即

$$PhExp_{\mathrm{nat}} = \sum_k \frac{Pop_i}{Y_n} \tag{2.7}$$

式中，$PhExp_{\mathrm{nat}}$ 为国家级别上的物理暴露；Pop_i 是一个特定的影响范围内的总人口，这个影响范围的半径依灾害强度不同而异；Y_n 是统计时段的年数。

一旦对一种致灾因子的物理暴露进行了计算，那么每个暴露区的受灾人口就可以计算出来，然后对这个数字求和，每一种致灾因子的暴露人口就得到了。*DRI* 用因灾死亡人数除以暴露人数，就能够计算一个国家相对于某种致灾因子的相对脆弱性。

承灾体（脆弱性/易损性）是指一个社区、系统或资产的特点和处境使其易于受到某种致灾因子的损害。由各种物理、社会、经济和环境因素引起的脆弱性是多方面的。可分为物理脆弱性、社会脆弱性。

物理脆弱性：反映承灾体物理性质的特征量，表征不同致灾强度下，承灾体发生物理损坏的可能性或者损失率。

社会脆弱性：整个社会系统在自然灾害影响下可能遭受损失的一种性质，受社会、经济、政治、文化各方面因素的影响。

在国外，风险载体的灾害脆弱性被定义为 Vulnerability，且通常被理解为风险载体对破坏或损害的敏感性（Susceptibility）或它被灾害事件破坏的可能性（Possibility）；在国内，不同研究者或不同专业领域对脆弱性的提法则不尽相同。

自然灾害对承灾体的作用显然是非线性的，因此，自然灾害风险 R 是自然灾害的危险性和承灾体的易损性的非线性函数，即

$$R = f(h, v) \tag{2.8}$$

通用脆弱性指数（*PVI*）：*PVI* 是一个合成指标，可以评价一个地区的脆弱性状态、主要脆弱性因素，它提供了度量一个灾害事件的直接、间接及潜在影响方法，能够促进有效地实施预防、缓解、准备、风险转移和减灾措施。

$$PVI = (PVI_{\text{暴露}} + PVI_{\text{易损性}} + PVI_{\text{恢复力欠缺}})/3 \tag{2.9}$$

暴露和易损性是风险存在的必要条件，暴露和（或）物理易损性（PVI_{ES}）的指标包括易受影响的人口、财产、投资、生产、生计、古迹和人类活动（表 2.2）。

表 2.2　暴露和(或)物理易损性(PVI_{ES})

描述	指标	权重
人口增长(平均年增长率)	ES_1	W_1
城市增长(平均年增长率)	ES_2	W_2
人口密度(人/千米^2)	ES_3	W_3
每天收入低于 1 美元的贫困人口 PPP	ES_4	W_4
资本(百万美元/千米^2)	ES_5	W_5
货物进出口与服务(占 GDP 比重)	ES_6	W_6
总国内固定投资(占 GDP 比重)	ES_7	W_7
可耕地、永久性耕地(占总土地面积比重)	ES_8	W_8

社会经济易损性(PVI_{SE})可以用贫穷、个人安全缺乏、文盲、收入不平等、失业、通货膨胀、债务、环境恶化等指标来反映。这些指标反映了一个国家或地区的弱点,即使这些影响不是累积的,它们也会对社会和经济水平产生重要影响(表 2.3)。

表 2.3　社会经济易损性(PVI_{SF})

描述	指标	权重
人类贫困指数(HPI-1)	ES_1	W_1
受赡养人口与工作年龄人口的比重	ES_2	W_2
用基尼系数衡量的社会不平、收入集中化问题	ES_3	W_3
失业者占总劳动人口的比重(%)	ES_4	W_4
通货膨胀、食物价格(年增长率%)	ES_5	W_5
农业与 GDP 增长的相关性(年增长率%)	ES_6	W_6
债务偿付(占 GDP 比重)	ES_7	W_7
人文因素诱发的土地退化	ES_8	W_8

恢复能力的缺乏程度可以用人类发展、人类资产、经济再分配、管理、财政保护、社区灾害意识、对危机状态的准备程度、环境保护这些指标来反映,这些指标反映了灾后恢复或消化吸收灾害影响的能力(表 2.4)。

表 2.4　恢复指数(PVI_{LR})

描述	指标	权重
人口发展指数(HDI)	LR_1	W_1
性别相关的发展指数(GDI)	LR_2	W_2
社会花费(养老金、健康、教育经费占 GDP 比重)	LR_3	W_3
协同管理指数	LR_4	W_4
设施和房屋保险(占 GDP 比重)	LR_5	W_5
每个人拥有电视机台数	LR_6	W_6
每千人医院床位数	LR_7	W_7
环境可持续能力指数(ESI)	LR_8	W_8

另外,翁莉等(2015)选取地均 GDP、人口密度和第一产业产值占比三个指标,结合致灾因子和孕灾环境指标,通过构建隶属函数判定评价因素和等级,建立了南京地区暴雨灾害风险的

评估模型；樊运晓等(2001)通过专家打分调查方法构造对地质灾害、地震灾害和洪涝灾害判断矩阵，采用层次分析法确定承灾体脆弱性指标权重分布。

2.3.2 灾害链分析

自然灾害事件的发生和发展在时间和空间上存在关联性，由一种灾害导致或引发另一种灾害的发生，使得灾害具有链式效应。郭增建等(1987)最早提出灾害链的概念，指出"灾害链是研究不同灾害相互关系的学科，是由这一灾害预测另一灾害的学科"；史培军等(2014)认为，灾害链是因一种灾害发生而引起的一系列灾害发生的现象，并根据链式特征可以将其分为并发性灾害链与串发性灾害链；郑大玮等(2008)把灾害链的内涵拓宽，认为灾害链是指孕灾环境中致灾因子与承灾体相互作用，诱发或酿成原生灾害及其同源灾害，并相继引发一系列次生或衍生灾害，以及灾害后果在时间和空间上链式传递的过程。

在已有研究基础之上，史培军等(2014)将灾害链的特征总结如下：

(1)诱生性。灾害链存在引起与被引起的关系，即一种或多种灾害的发生是由另一种灾害的发生所诱发的。没有这种诱生作用发生的多种灾害，不能被称为灾害链。

(2)时序性。灾害链的诱生作用使得灾害发生有一定的先后顺序，即原生灾害在前，次生灾害在后。有些灾害的发生可能在几年、几十甚至几百年后诱生另一种灾害。这种诱生作用的时间尺度过长，完全可以视为单灾种，对其进行分别评估，精度可能更高。灾害链的时间尺度相对来说较短。

(3)扩围(展)性。重大灾害发生时，往往会产生次生灾害，使其影响范围扩大。不同灾种对环境的敏感性不同，有的灾种甚至对特定环境基本不敏感，因此，不同灾种的影响范围(大小)也不尽相同。

基于自然灾害的这种链式特征，在对某灾种进行风险评估过程中，通过分析致灾因子、孕灾环境和承灾体三部分之间的相互作用，最终构建描述出该灾种的灾害链。例如，杜志强等(2016)利用本体构建方法，提出暴雨洪涝灾害链概念图(图 2.9)等。

不断完善灾害链，不仅能够更加深入理解灾害之间的因果关系，还能够对防灾减灾相关对策研究给出指导方向。

2.3.3 因子的选取与应用

2.3.3.1 因子的选取

在选取致灾因子时应首先对该种灾害进行灾害链分析，从灾害链(直接和次生灾害链)中分析得出。其中，需注意以下几个方面的处理。

首先是致灾因子分类和分级需要根据影响对象进行区分。例如，同样是大风的影响力，对于简易建筑、低矮房屋的作用与秸秆类农作物的破坏力有着非常大的差距。它们的受力特征和抗风能力是完全不同的。受力面较大的建筑物包含了正面压力、绕流或谐振等作用，而直径较小的作物则一般仅考虑瞬时风压作用。当影响对象不同时，同一个致灾因子的作用是不同的，再应对其计算参数进行调整。例如，暴雨对于旱地作物和水田作物的影响程度，对于旱地作物，积涝影响到作物根系吸收养分时，就可能出现减产等灾害，而对于水田作物，只有严重的浸泡和倒伏才能引发作物减产。

致灾因子达到不同程度时，可导致某些因子性质变化，进而影响灾情发展。例如水库、河

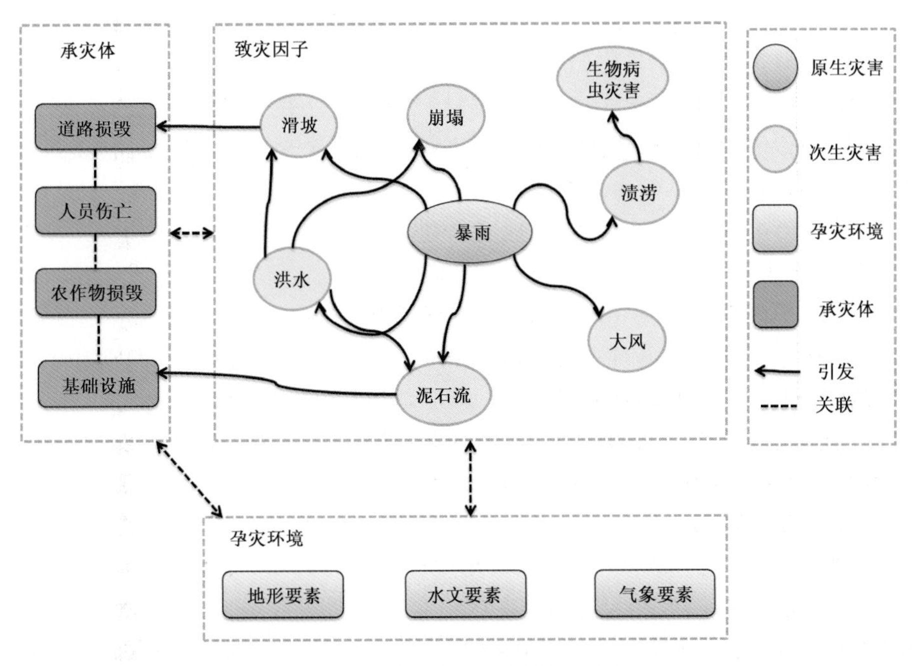

图 2.9　暴雨洪涝灾害链概念图

道等基础设施。在一般性暴雨灾害中，水库和河道是泄洪、分洪的重要途径，是防灾能力的一类因子。但是，当雨量、径流达到超过这些设施的承受能力时，设施出现垮坝、溢洪等问题，就成了重大灾害中的“致灾因子”。例如，据丁一汇(2015)研究指出：河南“75·8”暴雨中，8 月 7 日，板桥水库和石漫滩水库垮坝时最大流量分别为 78100 m^3/s 和 30000 m^3/s，水头高达数米到 10～20 m 的洪流以排山倒海之势直奔下游，跨过京汉铁路，直泄入宿鸭湖等地，使板桥以下沿洪汝河与沙颍河两岸的广大地区几乎被一扫而光。再比如，1322 号“菲特”台风登陆后，余姚市多个水库泄洪导致涝灾加重。

因子选取应该因地制宜。对于以行政区划作为评估区域的方法，应该注意到当地因子的种类和权重问题。例如，同样是暴雨灾害，河南的粮食产量(2014 年，5772.3 万吨)与青海的粮食产量(2014 年，104.8 万吨)相差 50 余倍，这导致评估过程中，两地的影响水平差异巨大。类似，冬季出现雪灾时，就农牧业而言，北方没有作物生长，雪灾对设施农业和牧草等有影响，南方的雪灾对于作物生长就会有着较大的影响。因此，在确定承灾体因子时，应充分考虑当地的灾害种类、影响对象的敏感性等。同时，在承灾体因子的权重等问题上进行本地化调整。

2.3.3.2　因子的计算

因子的计算是个复杂的问题，特别是在承灾体中，最重要的因子就是人口，对于灾害而言，最为重要的就是人员伤亡。伴随城镇化的进程，同一地区人口密度变化加快，城镇人口日益增长，而农村偏远地区人口则逐渐减少。人口数量和密度是重要的参数。但是，目前以统计部门的数据却难以达到评估的要求。以北京市人口为例分析如何计算人口。根据北京市统计局公布数据，2013 年北京市常住人口为 2115 万人，其中本地户籍人口 1313 万人，外地流动人口 802 万人。在常住人口中，除了统计部门公布的人口外，还有一部分人员并未统计在内，如在校大学生,多篇文献研究显示,北京在校大学生人数不低于 60 万。其中,最大的难点在于农民工人口的统计。这是目前大城市管理的难题。2014 年北京两会期间,北京市人力资源与社会保障局公布数据,截至 2013 年年底,北京市稳定就业农民工参加职工养老、医疗保险人数均达 200 万人,参加工伤保险人数达到 312 万人。农民工参保率一直很低,根据国家统计局公布的《全国农民工监测报告》显示,外出农民工的平均参保率不到 20%,东部地区稍微好一些,农民工的养老、医疗和工伤保险参保率分别为 16.9%、19.6%和 27%。据此估算,北京市的农民工数量大约为 1100 万人,即户籍地在农村、在北京务工生活超过半年以上的流动人口已经超过千万。

另外,还需要考虑同一区域的人口流入流出问题。流动性人员还包括旅游、出差、转车(机)等情况。2014 年,北京市旅游总人数达到 2.61 亿人次,同比增长 3.8%,其中,国内其他省市来京旅游者达 1.56 亿人次(42.7 万次×5/天),每人次平均停留时间为 4.99 天。据中国国家卫生和计划生育委员会研究统计和抽样测算,2013 年北京市总就医人数达 2.2 亿人次,其中外来就医流动人口日均 70 万左右。

其次,由于基期的变化,进行经济数据对比时需要先期处理。在一些评估方法中,需要计算或者换算成等值货币进行评价。而等值货币或者 GDP 的计算,首先需要处理的是 GDP 的基期问题。近年来,很多国家为了保证 GDP 的计算合理,会调整计算基期。例如,我国在 2016 年 4 月就宣布将基期调整到 2015 年。

2.4　气象部门暴雨预评估业务现状

气象部门对纯粹暴雨事件或暴雨过程的研究相对比较成熟,基于概率统计、欧式距离函数法等,陈艳秋等(2006)、袭祝香(2008)、郑国等(2011)、吴振玲等(2012)构建省或流域暴雨过程快速评估模型,辽宁、吉林等省气象部门将区域性暴雨评估形成业务,直接用于当地政府气象服务,深受认可。上述学者研究地域性较强,不适宜在全国推广,王莉萍等(2015)针对国家级气象服务需求,考虑降雨的地域差异,基于区域划分和概率统计,利用指数划分的方法开发了降雨过程强度等级的评估模型,实现了对任意区域和单站降雨过程强度等级的评价,适用范围更广,灵活性更强。国家气象中心已于 2015 年 5 月实现了业务自动运行,实时监测、评估和预评估区域和单站降雨过程。

气象部门在山洪、滑坡、泥石流、城乡积涝等暴雨灾害中也开展了大量的研究工作,形成业务能力。基于灾情,刘伟东等(2007)利用灰色关联度法对北京地区大风和暴雨灾害损失进行等级评估。李春梅等(2008)利用主成分分析法确定暴雨综合影响指标,通过查找影响指数相似的历史暴雨过程和对应的灾情序列,评估暴雨过程的灾害损失,建立了适用于当地的业务能力。在城乡积涝方面,扈海波等(2013)在危险性(历史降水量资料)、敏感性(综合叠加地形、不透水地表因子、河网密度)及暴露性(着重于城市地区人口、经济、防汛重点目标的暴露程度)指数的基础上叠加得出积涝风险指数。尤凤春等(2013)对北京市出现的积水个例与同期降水强度进行相关统计分析,找出道路积水临界预警指标,基于北京市暴雨积涝综合风险区划指数和道路积水临界预警指标,建立暴雨积涝风险等级预警模型,并发布产品。气象部门具备对暴雨引发中小河流洪水、山洪地质灾害的预报预警能力并形成业务。并在业务运行中不断改进,一是组织开展山洪灾害气象风险普查和灾害信息管理工作,二是依托风险普查数据库和气象灾害信息管理系统，同时结合各地区山洪灾害实际影响程度和已有技术方法，开展致灾阈值指标确定，三是精细化降水估测（QPE）和预报（QPF）。经过改进和修订，中国气象局减灾司印发《暴雨诱发山洪灾害气象预警业务规范（暂行）》（气减函〔2015〕85 号）。基于灾害风险，王秀荣等（2016）在王莉萍等（2015）致灾因子研究基础上，利用遥感数据提取高程、高程标准差、土壤类型、河网密度等孕灾环境信息，经过指数化处理，建立暴雨灾害综合影响风险等级，然后利用 GIS 方法将社会经济数据进行空间化处理，包括影响人口分布、土地利用等信息，与暴雨灾害综合风险影响等级相匹配，得出极高、高、较高、中风险区影响城市人口、农村人口、影响耕地、林地面积等。2015 年 7 月，国家气象中心结合定量降水预报、地质灾害预报、中小河流洪水预报等，实现暴雨灾害综合风险影响等级业务化，目前仍在不断应用改进，效果良好。

目前气象部门对于暴雨灾害的研究主要是暴雨事件本身、暴雨与灾情关系研究及暴雨致灾临界值研究，并没有深入到水文水力模型和系统仿真模拟以及形成机理的研究。暴雨灾害影响的研究是多学科交叉研究，涉及水文、地理、地质、市政、交通、社会经济、人口等多个领域，国土资源、水利、民政、农业、交通、统计、测绘、规划、气象等部门没有实现数据共享，详细的地理信息数据、人文经济数据及精准的市政规划布局数据是暴雨灾害影响研究的桎梏。

2.4.1　国家气象中心降雨强度影响等级

降雨强度影响等级利用 2400 个国家气象观测站日雨量（前日 08 时至当日 08 时、前日 20 时至当日 20 时），基于降雨强度、覆盖范围、持续时间三个指标，计算单站/区域（需设定）降雨过程强度指数（RSI/RPI），根据降雨过程强度指数划分为特强、强、较强、中等和弱五个等级（表 2.5）。

首先，利用 800 mm 年平均降水量值（AAR）和百分位数 95%对应的日雨量（$DP_{95\%}$）划分全国降雨区。800 mm 年平均降水量界线利用气候标准值 30 年降水观测值计算；日雨量（≥0.1 mm）按百分位法，从小到大排序，取百分位数 95%对应的值（表 2.6）。

表 2.5　降雨过程强度影响等级划分

降雨区	降雨过程强度指数值	降雨过程强度等级
单一测站	$1 \leq RSI \leq 4$	特强（Ⅰ级）
	$4 < RSI \leq 8$	强　（Ⅱ级）
	$8 < RSI \leq 12$	较强（Ⅲ级）
	$12 < RSI \leq 16$	中等（Ⅳ级）
	$RSI > 16$	弱　（Ⅴ级）
区域	$1 \leq RPI \leq 12$	特强（Ⅰ级）
	$12 < RPI \leq 24$	强　（Ⅱ级）
	$24 < RPI \leq 36$	较强（Ⅲ级）
	$36 < RPI \leq 64$	中等（Ⅳ级）
	RPI>64	弱　（Ⅴ级）

表 2.6　降雨区的划分标准

降雨区	划分标准
1 区	AAR <800 mm 且 $DP_{95\%}$ <20 mm
2 区	AAR ≥800 mm 且 $DP_{95\%}$ <35 mm
3 区	AAR <800 mm 且 $DP_{95\%}$ ≥20 mm
4 区	AAR ≥800 mm 且 $DP_{95\%}$ ≥35 mm

其次，对降雨过程进行界定。

单站降雨过程：单站日雨量达到表 2.7 标定区间的第一天计为单站降雨过程开始，最后一天计为单站降雨过程结束。

区域降雨过程：设定区域内 5%以上的测站日雨量达到表 2.7 标定区间的第一天计为区域降雨过程开始，最后一天计为区域降雨过程结束。

没有达到上述标准的降雨过程为弱降雨过程。

第三，降雨强度（R）计算和指数划分。

降雨强度（R）：日雨量达到标定区间的测站日最大雨量和过程平均日雨量的加权。

$$R=\frac{w\times\sum_{i=1}^{n}(r_{\max})_i+(1-w)\times\sum_{i=1}^{n}\left(\frac{\sum_{d=1}^{T_0}r_d}{T_0}\right)_i}{n} \tag{2.10}$$

式中，w 为权重，区域降雨过程中取 0.5，单站降雨过程根据当地情况可作调整；n 为按照区域降雨过程定义选取的测站个数，i 取值范围[1,n]；$r_{\max}$ 为按照区域降雨过程定义选取测站的日最大雨量值，单位为毫米(mm)；T_0 为降雨过程持续时间，单位为天(d)，d 取值范围[1,T_0]；r_d 为按照区域降雨过程定义选取测站的日雨量值，单位为毫米(mm)。

降雨强度指数（I）划分见表 2.7。

表 2.7　降雨强度指数划分

降雨区	降雨强度指数(I)	降雨强度(R)/日雨量(单位:mm/d)
1 区	1	≥40.0
	2	30.0～39.9
	3	20.0～29.9
	4	10.0～19.9
2 区 3 区	1	≥80.0
	2	60.0～79.9
	3	40.0～59.9
	4	20.0～39.9
4 区	1	≥100.0
	2	75.0～99.9
	3	50.0～74.9
	4	25.0～49.9

第四，覆盖范围（Cp）计算和指数划分。

降雨覆盖范围（Cp）为达到表 2.7 定义的降雨强度的测站占设定区域的比例。

$$Cp = n/N \tag{2.11}$$

式中，n 为按照区域降雨过程定义选取的测站个数；N 为设定区域测站总个数。

降雨覆盖范围指数（C）划分见表 2.8。

表 2.8　降雨覆盖范围指数划分

降雨区	覆盖范围指数（C）	覆盖范围（Cp）（单位：%）
区域	1	≥70
	2	40～69.9
	3	20～39.9
	4	<20

第五，持续时间（T_0）计算和指数划分。

降雨持续时间（T_0）为定义的单站或区域降雨过程从开始到结束的时间。

$$T_0 = T_e - T_s + 1 \tag{2.12}$$

式中，T_e 为降雨过程结束时间（公历日期）；T_s 为降雨过程开始时间（公历日期）。

降雨持续时间指数（T）划分见表 2.9。

表 2.9　降雨持续时间指数划分

降雨区	持续时间指数（T）	持续时间（T_0）（单位：d）
1 区 3 区	1	≥6
	2	4～5.9
	3	2～3.9
	4	<2
2 区 4 区	1	≥7
	2	5～6.9
	3	3～4.9
	4	<3

最后得出 RSI/RPI 的结果。

（1）单站降雨过程强度指数（RSI）

$$RSI = I \times T \tag{2.13}$$

式中，I 为降雨强度指数，利用式（2.10）计算降雨强度（R），对照表 2.7 查出对应指数；T 为持续时间指数，根据式（2.12）计算降雨持续时间（T_0），对照表 2.9 查出对应指数。

（2）区域降雨过程强度指数（RPI）

情况 1：当降雨区处于所分四类降雨区中的一个降雨区时，则

$$RPI = I \times C \times T \tag{2.14}$$

式中，I 为降雨强度指数，利用式（2.10）计算降雨强度（R），对照表 2.7 查出对应指数；C 为覆盖范围指数，利用式（2.11）计算覆盖范围（Cp），对照表 2.8 查出对应指数；T 为持续时间指数，根据式（2.12）计算降雨持续时间（T_0），对照表 2.9 查出对应指数。

情况 2：当降雨区跨所分四类降雨区中的两个或多个降雨区时，

$$RPI = \overline{I} \times C \times \overline{T} \tag{2.15}$$

$$\overline{I} = \frac{\sum_{j=1}^{n} I_j Cp_j}{\sum_{j=1}^{n} Cp_j} \tag{2.16}$$

$$Cp = \sum_{j=1}^{n} Cp_j \tag{2.17}$$

$$\overline{T} = \frac{\sum_{j=1}^{n} T_j Cp_j}{\sum_{j=1}^{n} Cp_j} \tag{2.18}$$

式中，n 为所跨降雨区个数，j 的取值范围为[1，n]；I_j 为第 j 类降雨区降雨强度指数，利用式(2.10)计算第 j 类降雨区降雨强度（R），对照表 2.7 查出对应指数；Cp_j 为第 j 类降雨区按照区域降雨过程定义选取的测站占设定区域总测站的百分比；Cp 为设定区域内降雨覆盖范围，对照表 2.8 查出对应指数 C；T_j 为设定区域内第 j 类降雨区降雨持续时间指数，根据式(2.12)计算降雨持续时间（T_0），对照表 2.9 查出对应指数。

2.4.2 国家气象中心暴雨灾害综合风险等级

目前，基于过程降雨强度的暴雨灾害综合风险及影响预评估模型已经在国家气象中心业务化运行，该模型主要从致灾因子和孕灾环境两方面选取相关指标构建评价体系，同时也考虑了中央气象台业务化的中小河流洪水、山洪、地质和渍涝等四类灾害风险预警产品的结果。

2.4.2.1 暴雨灾害综合风险预评估模型构建

对于某一特定区域，暴雨灾害风险大小可以认为是致灾因子和孕灾环境两要素共同作用的结果，也就是说致灾因子危险性大且孕灾环境易于暴雨灾害发生，那么灾害风险性肯定高，反之亦然；当然，如果致灾因子危险性等级不够大，但环境异常脆弱，那么该地区亦可能会出现较大的暴雨灾害影响。因此，模型构建中综合考虑了致灾因子和孕灾环境的风险指数，根据综合指数的相对大小阈值来评估界定综合风险等级。

暴雨灾害评估模型中致灾因子的构建主要基于降雨过程的强度（王莉萍等，2015），即选取日降水强度、覆盖范围和持续时间 3 个暴雨致灾因子，得出暴雨致灾因子的强度等级评定方法。孕灾环境方面，主要考虑了与暴雨灾害密切相关的高程、高程标准差、河网密度、土壤类型等影响要素。综合致灾因子和孕灾环境要素，运用加权求和方法建立暴雨灾害综合风险评估模型：

$$F = RSI \times w_1 + E \times w_2 + S \times w_3 + R \times w_4 + L \times w_5 \tag{2.19}$$

式中，F 为暴雨灾害综合危险性指数；RSI 为单站点降雨强度综合指数；E 为高程指数；S 为高程标准差指数；R 为河网密度指数；L 为土壤类型指数；$w_1 \sim w_5$ 分别为各指标权重系数，由基于加速遗传算法的层次分析法得出。

基于自然断点分级法，并结合业务试验，最终确定暴雨灾害综合风险指数 F 的极高风险、高风险、较高风险和低风险的 4 个等级阈值。结合 GIS 技术，将全国范围内的城市和农村人口分布及城市和农村用地等数据叠加到暴雨综合风险分布格局中，最终分析得出不同风险等级影响的城市和农村人口数量、土地面积等情况。

2.4.2.2　前端预警产品格点化融合

国家气象中心的中小河流洪水、山洪、地质和渍涝等四类 1～3 天时效的灾害风险预警产品已经对外发布。为协调暴雨灾害模型的输出结果和上述预警产品的一致性，在模型建设中同时也充分考虑了上述四类预警产品结果。

在四类预警产品中，山洪风险预警产品是基于山洪沟站点的客观预报产品，地质灾害和渍涝是主观预报产品，而中小河流洪水预警产品一般是基于流域站点的客观预报产品。通过主观预报线条到格点及站点到格点的合理插值方法，把四类预警产品转化成相同分辨率的格点化产品，并考虑其在不同地域中的不同权重，将四类产品融合生成一种格点化预警产品，输入到暴雨灾害预评估模型中。

2.4.2.3　业务应用情况

暴雨灾害综合风险评估模型可以针对任一暴雨过程确定各地暴雨灾害综合风险等级，也可以对不同风险等级下城市人口、农村人口、城市用地和农村用地的土地和人口的影响情况进行定量评估，为决策层防灾减灾部署提供直观的科学依据和参考。2015 年汛期开始已正式进入业务运行，每天早晚 2 次推送预估产品(图 2.10)，供预报服务人员参考，产品也在报党中央、国务院材料以及防总会议多次被采用，服务成效明显。

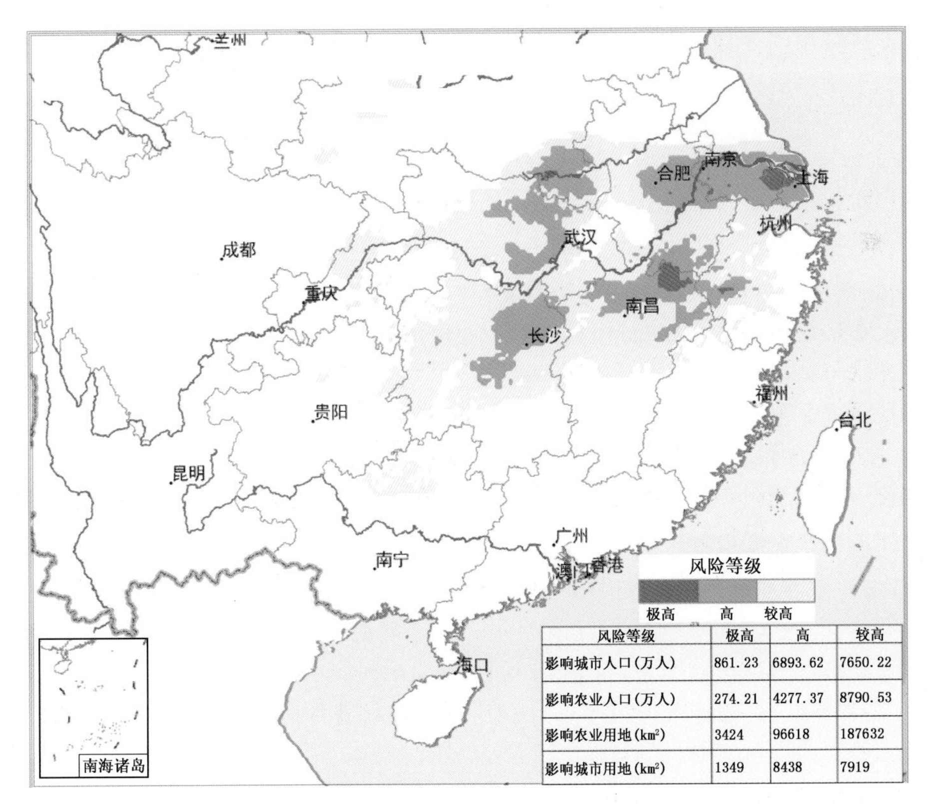

风险等级	极高	高	较高
影响城市人口(万人)	861.23	6893.62	7650.22
影响农业人口(万人)	274.21	4277.37	8790.53
影响农业用地(km²)	3424	96618	187632
影响城市用地(km²)	1349	8438	7919

图 2.10　暴雨灾害综合风险及影响预估

2.4.3　吉林省气象局

本方法借鉴气象灾害风险区划评估方法，尝试考虑暴雨、地形、河网、植被、人口密度、GDP 等多种因素，实现重大暴雨过程洪涝灾害风险预评估，为提高重大暴雨过程灾害防灾减灾及应急响应能力提供有力的科技支撑。

2.4.3.1　资料与方法

选取吉林省 50 个气象站 1951—2013 年逐日降水数据；1951—2013 年各市县暴雨洪涝灾情数据；2012 年《吉林省统计年鉴》等数据；吉林省 1∶5 万基础地理信息、TM 遥感卫星影像等资料。

由于所选指标单位不同，不具有可比性，需要对每个指标进行标准化处理，以消除量纲的影响，该项研究采用极差标准化方法（袭祝香，2008）。

$$y_i = \frac{x_i - x_{\min}}{x_{\max} - x_{\min}} \tag{2.20}$$

式中，x_i 为指标值；y_i 为标准化后的指标值；$x_{\max}$ 和 $x_{\min}$ 分别为该指标的最大值和最小值。

（1）致灾因子计算

为了对重大暴雨过程进行预评估，致灾因子选择可以直接造成灾情影响的因子。经计算分析，吉林省重大暴雨过程损失主要和暴雨过程中的暴雨量、前 7 天雨量有关，因此，进行重大暴雨过程预评估，选择暴雨过程出现的暴雨量、前 7 天雨量作为致灾因子，为了具有可比性同时也可以反映降雨强度，采用雨量等级（尹道声，1994；张学文等，1990）计算暴雨过程出现的暴雨量和前 7 天雨量的雨量等级，具体公式如下：

$$n = 3.322 \times \lg R - 1.578 \times \lg D + 0.28 \tag{2.21}$$

式中，n 为雨量等级（0.1～9.0 级）（张学文等，1990）；R 为降雨量（mm）；D 为降雨时间（h）。

利用历史重大暴雨过程进行洪涝致灾因子分析时，为了实现评估重大暴雨过程的目的，选用吉林省五分之一以上站点出现暴雨的重大暴雨过程，计算前 7 天雨量等级中的雨量为吉林省 50 站实际出现的雨量，降雨时间为 7×24 小时；对于计算重大暴雨过程的雨量等级，降雨量采用实际出现的暴雨量，降雨时间均采用 24 小时。历次选中的重大暴雨过程前 7 天雨量等级之和以及暴雨过程雨量等级之和分别作为致灾因子。

对于预警的重大暴雨过程雨量等级计算，雨量为各地预报的降雨量，降雨时间为暴雨过程起止时间，前 7 天雨量等级和历史暴雨洪涝致灾因子分析时算法相同。

（2）孕灾环境

孕灾环境指孕育暴雨灾害的自然环境，如地形、地质、土壤、植被、河网等，针对吉林省地理特征，本书主要考虑地形起伏变化、河网和植被因素。

利用吉林省 1∶5 万 DEM 数据标准差来表示地形起伏变化，即对 GIS 中某一格点，计算其与周围 8 个格点的高程标准差，在 GIS 中采用 25 m×25 m 分辨率的栅格数据计算地形高程标准差，高程越低、高程标准差越小，影响值越大，表示越有利于形成涝灾（表 2.10）。

表 2.10　地形高程及高程标准差的综合影响关系

地形高程(m)	地形标准差		
	一级(≤1)	二级(1～10)	三级(≥10)
≤100(一级)	0.9	0.8	0.7
(100,300](二级)	0.8	0.7	0.6
(300,700)(三级)	0.7	0.6	0.5
≥700(四级)	0.6	0.5	0.4

河网的分布在很大程度上决定了研究区遭受洪水侵袭的难易程度。距离河流、湖泊、水库等越近，洪水的危险程度越高；河流的级别越高、湖泊和水库的面积越大，其影响就越大。本书利用 ArcGIS 软件提供的缓冲区分析功能对河流以及湖泊、水库建立了 2 级缓冲区。缓冲区的宽度则综合考虑河流的级别、水域的面积，具体划分方法见表 2.11 与表 2.12。根据距离河流、湖泊(水库)越近，洪水危险性越大的原则，确定各级缓冲区对洪水危险性的影响度：一级缓冲区为 0.9，二级缓冲区为 0.8，非缓冲区为 0.5。

表 2.11　湖泊、水库缓冲区等级和宽度划分

水域面积×10^4(km^2)	水域面积×缓冲区宽度(km)	
	一级缓冲区	二级缓冲区
[0.1,1)	0.5	1
[1,10)	2	4
[10,20)	3	6
≥20	4	8

表 2.12　河流缓冲区等级和宽度划分

一级河流		二级河流	
一级缓冲区	二级缓冲区	一级缓冲区	二级缓冲区
8	12	6	10

洪涝灾害的形成与植被有着一定的联系，植被的多少可以用植被覆盖度表示，一个地方植被越多，植被覆盖度越大，洪涝灾害形成的风险越小；相反，则洪涝灾害形成的风险越大。植被覆盖度 VFC 采用改进的像元二分模型估算公式，即

$$VFC = (NDVI - NDVI_{min})/(NDVI_{max} - NDVI_{min}) \tag{2.22}$$

式中，$NDVI$ 为归一化植被指数；$NDVI_{max}$ 为全被植被所覆盖的像元的 $NDVI$ 值；$NDVI_{min}$ 为植被覆盖的最小值，当 $NDVI_{min}=0$ 时，表示没有植被覆盖。

(3)承灾体

暴雨洪涝造成的危害程度与承受暴雨洪涝灾害的载体有关，它造成的损失大小一般取决于当地的经济状况、人口密集程度、耕地面积等。根据吉林省社会经济发展状况，主要把以县(市)为单元的地均 GDP、地均人口(人口密度)、耕地面积比重三个因子作为承灾体易损性评价指标。

(4)防灾减灾能力

防灾减灾能力是受灾区对气象灾害的抵御和恢复能力，是为应对暴雨洪涝灾害所造成的

损害而进行的工程和非工程措施。考虑到这些措施和工程的建设必须要有当地政府的经济支持，因此，主要考虑了人均 GDP 作为防灾减灾能力指标。

(5)重大暴雨过程洪涝灾害综合风险评估

重大暴雨过程洪涝灾害风险是孕灾环境敏感性、致灾因子危险性、承灾体易损性和防灾减灾能力 4 个因子综合作用的结果，重大暴雨过程洪涝灾害综合风险指数计算公式(张会等，2005)为

$$FDRI = (VE^{we})(VH^{wh})(VS^{ws})(1-VR^{wr}) \tag{2.23}$$

式中，$FDRI$ 为重大暴雨过程洪涝灾害综合风险指数，用于表示风险程度，其值越大，则灾害风险程度越大；VE、VH、VS、VR 分别为风险评估模型中孕灾环境的敏感性、致灾因子的危险性、承灾体的易损性和防灾减灾能力各评价因子指数；we、wh、ws、wr 分别为各评价因子的权重。在征求各领域多方专家后，利用专家打分和层次分析相结合的方法确定各指标的权重，并经过与实际受灾资料的对比分析，最终确定出吉林省重大暴雨过程洪涝灾害风险评估指标体系及权重系数(图 2.11)。

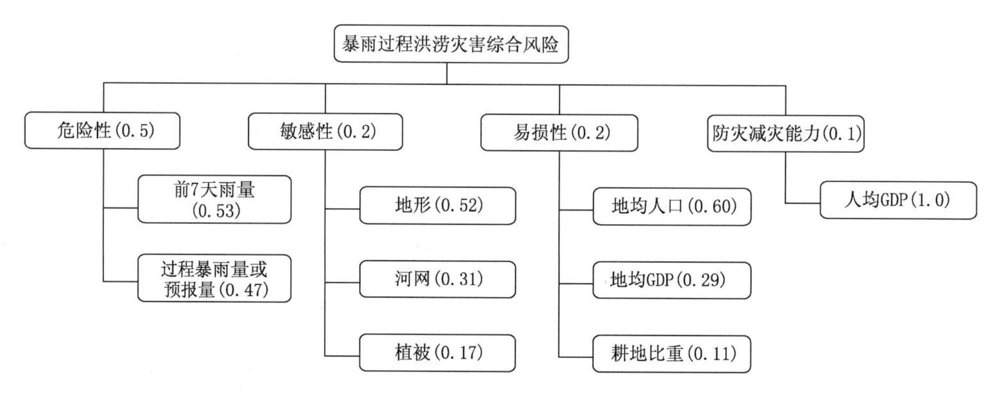

图 2.11 吉林省重大暴雨过程洪涝灾害风险评估指标体系及权重系数

2.4.3.2 重大暴雨过程洪涝灾害风险评估分析与预评估

(1)吉林省重大暴雨过程洪涝灾害综合风险评估分析

利用图 2.11 给出的危险性、敏感性、易损性、防灾减灾能力因子的权重，利用式(2.22)计算吉林省各地重大暴雨过程洪涝灾害综合风险指数(图 2.12)，采用最优分割法(黄嘉佑，2010)将吉林省各地重大暴雨过程洪涝灾害综合风险指数分为高风险、偏高风险、中等风险、低风险，这样分区的 F 检验值达到 3.00，通过了 $\alpha=0.05$ 的显著性检验($F_{0.05}=2.79$)，可见这样分区是合理的。可以看出，重大暴雨过程洪涝灾害综合风险的高风险区出现在长春、四平、辽源、通化等城区附近；其次主要在中部和南部地区，综合风险偏高；中等风险区主要在吉林省西部地区；吉林省东北部地区的暴雨洪涝灾害风险普遍偏低。

(2)吉林省重大暴雨过程洪涝灾害综合风险评估结果检验

基于 1951—2013 年吉林省暴雨洪涝灾情数据，统计暴雨洪涝地均受灾面积、地均受灾人口、地均直接经济损失，采用相关分析法将地均灾情损失的空间分布与重大暴雨过程洪涝灾害风险分布结果进行对比验证，重大暴雨过程洪涝灾害风险结果与地均受灾面积、地均受灾人口、地均直接经济损失相关系数分别为 0.3560、0.3891、0.3551，都通过了 0.01 的显著性检

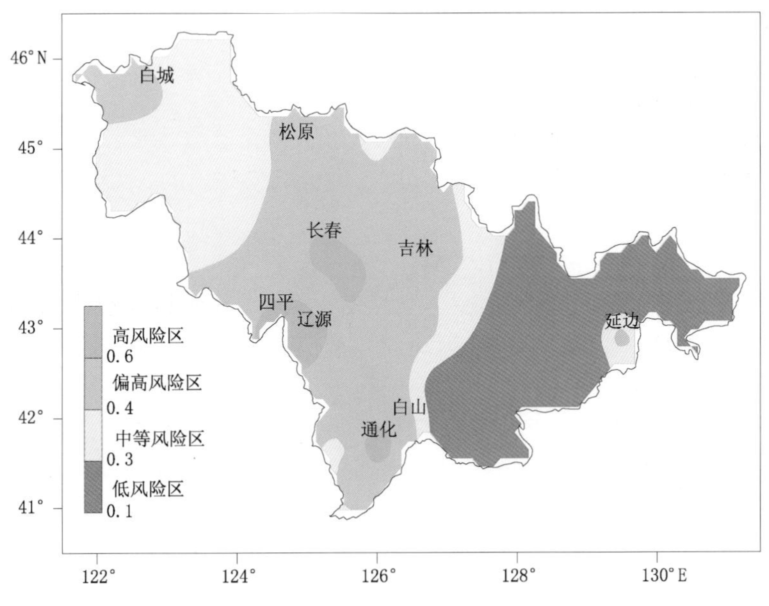

图 2.12 吉林省重大暴雨过程洪涝综合风险指数分布

验，这表明吉林省重大暴雨过程洪涝灾害风险分布结果与实际洪涝灾情分布区域一致。

(3)重大暴雨过程洪涝灾害风险预评估实例

2013 年 8 月 13 日，吉林省气象局发布《重要天气报告》指出：预计 8 月 14—17 日，我省将有暴雨天气过程，中南部地区雨量大，部分地方累计降水量为 80～130 mm，最大降水量可达 170 mm。

利用此次预报的全省 50 个县级以上站点过程降雨预报量，以及各站点的前 7 天雨量作为致灾因子，采用式(2.20)计算各站点过程降雨预报量以及前 7 天雨量的雨强并进行标准化，然后利用式(2.22)对 8 月 14—17 日出现的重大暴雨过程进行预评估，利用风险界限指标，预估各级风险区(图 2.13a)，可以看出位于中部和南部的四平东部、辽源、长春南部、吉林南部及通化城区为高风险区，中部和南部其他大部分地方为偏高风险区，长白山区附近及西部地区东部风险中等，西部大部、延边大部为低风险区。

实际情况是此次暴雨大暴雨过程吉林省中部、南部的 26 县市遭受暴雨洪涝灾害，灾情严重。受灾人口 995241 人，死亡 19 人，农作物受灾面积达 22.7 hm^2，直接经济损失 58.7 亿元。根据暴雨洪涝灾情数据，统计地均受灾面积、地均受灾人口、地均直接经济损失，8 月 14—17 日重大暴雨过程洪涝灾害风险预评估结果与地均受灾面积、地均受灾人口、地均直接经济损失相关系数分别为 0.4000、0.4233、0.4473，都通过了信度 0.01 的显著性检验，可见预评估结果较好。

此外，利用各地实际出现过程降雨量以及前 7 天雨量，计算了此次暴雨过程实际洪涝综合风险指数(图 2.13b)，可以看出预评估结果和实际出现的洪涝综合风险分布较为一致，二者的相关系数高达 0.90，也可以说明，预评估结果可以反映实际的洪涝综合风险。

上述预评估的意义在于可以在重大暴雨过程前预估洪涝综合风险，而且可迅速圈定洪涝各级风险区，可以利用这项结果制作用于实际业务的风险预警产品，对于提高重大暴雨过程洪涝灾害的应对能力以及防灾减灾意义重大。

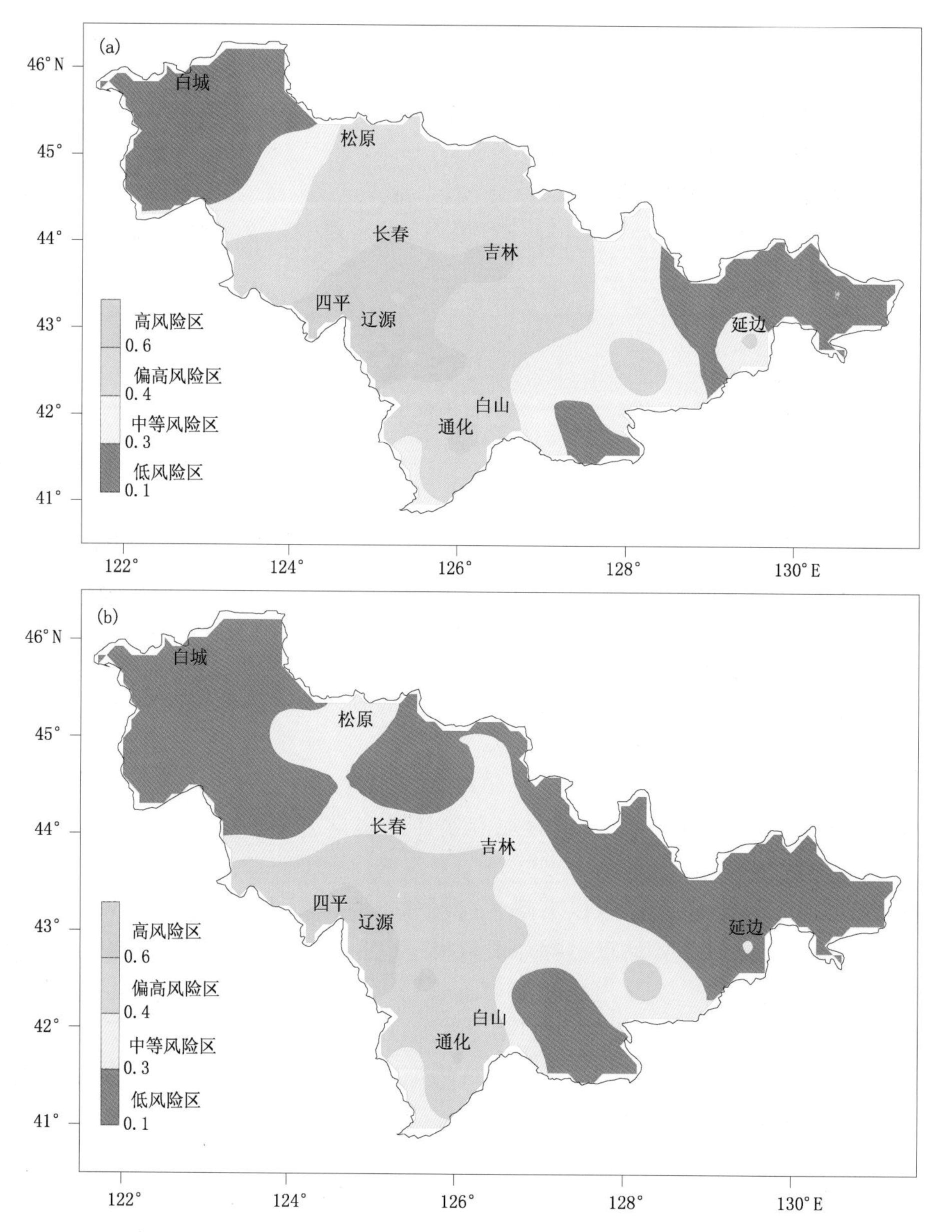

图 2.13　8 月 14—17 日暴雨过程洪涝综合风险指数预评估(a)和实际洪涝综合风险指数(b)

2.4.3.3　结果与讨论

重大暴雨过程洪涝灾害综合风险的高值区分布在长春、四平、辽源、通化等城区附近，中部和南部地区风险偏高，中等风险区分布在西部地区，东北部地区风险最低。

利用重大暴雨过程降水预报值进行重大暴雨过程洪涝灾害预评估效果较好，预评估结果和实际的灾情损失、实际出现的洪涝风险有着较好的一致性，因此，可用于制作具有业务应用价值的重大暴雨过程洪涝灾害风险预警产品，由于可迅速圈定洪涝各级风险区，对提高重大暴雨过程洪涝灾害的应对能力以及防灾减灾意义重大。

2.4.4 北京市气象局

2011 年 6 月 23 日的暴雨使得北京出现多处城市积涝。展开城市暴雨积涝灾害风险评估,甚至快速风险判定及预警对城市减灾极其重要。北京市气象局尝试采用自下而上的暴雨积涝灾害风险评估方法,通过对暴雨灾害形成有关联的,能反映承灾体脆弱性状况的孕灾环境敏感性、暴露性等计算,综合算出暴雨积涝风险指数,实现暴雨积涝风险区划及风险预警产品输出。

2.4.4.1 资料来源与方法

(1)资料来源及评估指标体系

研究选用的资料及数据包括北京地区近 50 年(1961—2009 年)的雨量数据、北京地区基础地理信息数据及部分社会经济数据。风险预警所用的实况及预报雨量数据主要选用北京市气象局的短临预报系统 BJ_ANC 的定量降水估计 QPE(6 min、30 min、60 min、3 h、6 h)雨量,以及 BJ_ANC 的定量降水预报 QPF(30 min、60 min)雨量。评估模型应用及风险图的绘制选用北京市测绘局 2006 年提供的 1∶5 万比例尺的北京市基础地理信息数据。地形因子的计算选用空间分辨率为 50 m×50 m 的数字高程模型(DEM)。河网密度及不透水地表参数均从北京市基础地理信息数据及卫星资料中提取生成。重点防汛路段及防汛点信息由北京市防汛办提供。评估所用的北京地区人口密度及地均 GDP 数据来源于北京市 2007 年统计年鉴并按照空间网格数据计算的要求进行数值离散化处理及应用(扈海波等,2007a;2007b;2010)。

城市暴雨积涝灾害风险评估的指标体系采用自下而上的三级评估指标结构(图 2.14),评估时由下级指标核算上级指标系数,计算可在网格化的评估单元的基础上进行,即针对每个评估单元下垫面的承灾体状况及致灾因子特征进行风险指数计算。图 2.15 所示为评估所采用的网格,共 182 行×181 列,网格的经纬范围为(39.420731 °～41.071364°N; 115.367193°～117.521352°E)。评估网格从空间上覆盖整个北京地区。网格单元大小为 1 km×1 km。

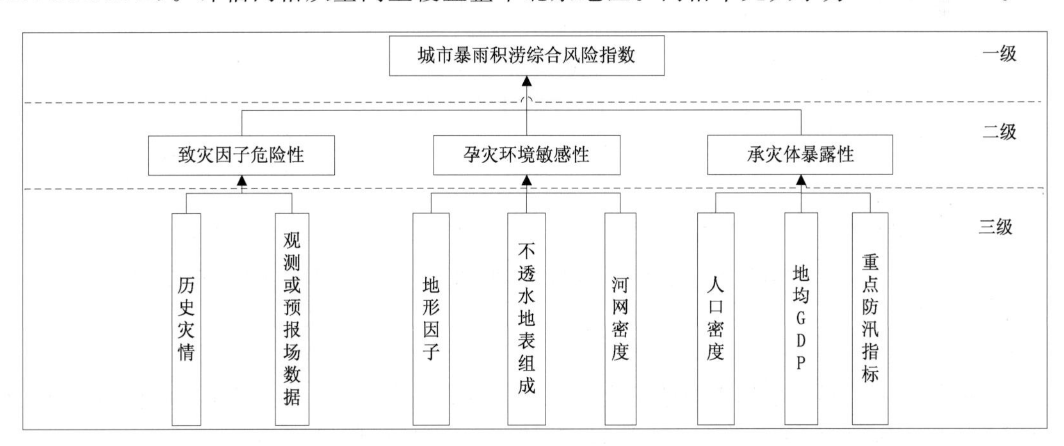

图 2.14　自下而上的暴雨积涝灾害风险评估指标结构

(2)致灾因子危险性计算

致灾因子危险性主要由高影响天气条件下的致灾因子强度及其活动频次(概率)决定。一般致灾因子强度越大,频次越高,就可能出现较为严重的灾情,危险性就越大。暴雨灾害的致

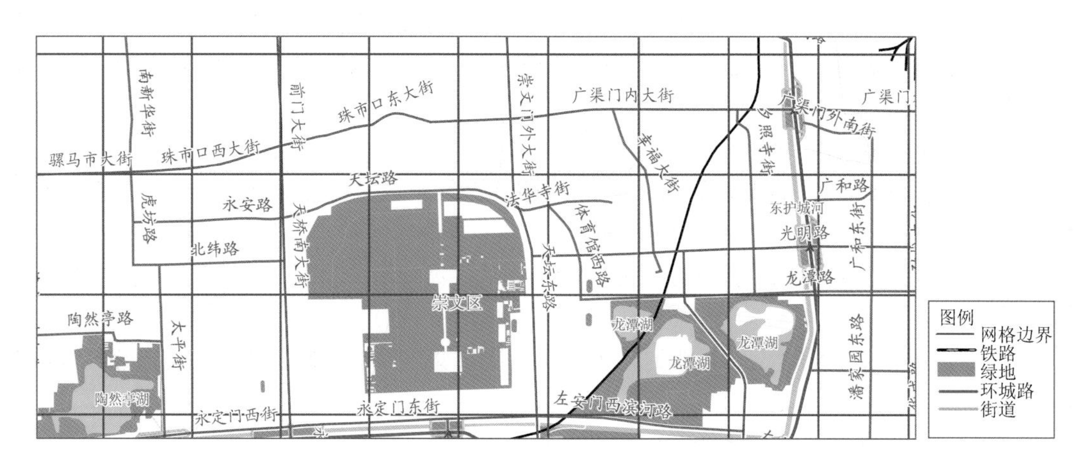

图 2.15　评估网格单元示意图

灾因子主要体现在降水强度和频次上。致灾因子强度则体现在降雨强度上，暴雨积涝风险预警及区划均可由暴雨强度推算危险性指数。在计算致灾因子危险性值时，需要将降雨强度统一到一个可比量纲上。这里采用等效雨强来作为这个可比的量纲，它在概念上表示为一定时段内的雨量强度，等效于日雨量的值。可利用日降水量 R_d 和一定时段降水量 R 之间的关系，确立某一降水持续时间 D(单位为小时)的雨量值和日雨量之间的等效雨量转换关系为

$$R_d = 4.216 \cdot R \cdot D^{-0.475} \tag{2.24}$$

换算后得到某持续时间 D 内的雨量 R 对应于日雨量 R_d 的值。在得到不同降雨时段内的等效日雨量后，利用式(2.25)计算致灾因子危险性指数。

$$\begin{cases} H = 0 & P < p' \\ H = \exp(P/p') & P > p' \end{cases} \tag{2.25}$$

式中，p' 为累计降水阈值；H 为降水过程所引起的危险性指数，设定日雨量或等效日雨量超过 50 mm 才有影响，即暂以 50 mm 日雨量的暴雨划分标准作为产生积涝的临界气象条件，$p' = 50$ mm。一般来说，降雨强度越大，形成的危险性指数呈非线性增长，而不是单纯的线性增长，这里采用 e 为底的指数计算方式。

除了换算等效日雨量来计算危险性指数，还可直接选用 1～3 h 累计降水来推算致灾因子危险性指数。通过分析北京市 2004—2008 年积水事件发生时的自动站雨量资料，发现积水事件的 1 h 雨量集中在 20 ～130 mm，同时参照北京地区短历时暴雨标准，将 1 h 和 3 h 的 p' 分别确定为 20 mm 和 30 mm，可按式(2.25)计算暴雨的致灾因子危险性指数。

在利用历史雨量数据来实施风险区划时，其危险性指标的计算步骤则为：

①从历史逐日降水资料遴选 100 次最大暴雨过程。以单次暴雨过程中所有站的最大雨量来排序，得到有降水资料以来的 100 次最大暴雨过程，在这些降水过程中其他站点必须有 20%以上的站点雨量达到暴雨级别。

②将这 100 次暴雨过程的雨量用空间样条插值，分别插值 100 次得出每个评估网格单元上每次暴雨过程的雨量。每次插值计算过程中，在式(2.25)的基础上计算危险性指标值，然后累计每个格点上这 100 次暴雨过程所产生的危险性指数值，即为由历史资料统计所得出的致灾因子危险性指数。

③采用自然断点分级法(莫建飞等,2010)将危险性指数划分为5个等级,原则上危险性指数越高,该处发生暴雨的概率就越大。另外,划分评估指数等级的方法还有类似直方图统计等方法(扈海波等,2011)。

(3)孕灾环境敏感性分析

从引发、影响暴雨积涝灾害的条件和机理分析,孕灾环境条件主要指地形、水系、不透水地表组成等因子对积涝灾害形成的综合影响。

地形:主要包括高程和地形变化。地势越低、地形变化越小的平坦地区不利于积水的排泄,容易形成涝灾。

水系:考虑河网密度和距离水体的远近。河网越密集,距离河流、湖泊、大型水库等越近的地方遭受洪涝灾害的风险越大。

不透水地表面积组成:城市不透水地表面积越大,降水下渗作用就越弱,同时缺乏植物根系的截流作用,更加容易形成地表径流,造成渍涝的可能性更大。

通过提取河网密度、不透水地表面积组成、地形高程(DEM),可得到综合河网密度、不透水地表、地形影响度指标的空间分布图,对这类指标进行归一化后,采用加权综合评价法可得出孕灾环境的敏感性指数。具体如下:

①地形与洪水危险程度密切相关。一般认为,地形对形成洪水的影响主要表现在两个方面:高程及地形起伏程度,高程越低,地形起伏越小,越容易发生洪水。地势采用高程表示,可直接从DEM数据中提取,地形起伏采用DEM高程标准差表示,即用每个栅格点与周围八个栅格点的高程标准差来表示地形起伏。在地形因子中,高程越低、相对高程标准差越小,洪水危险程度越高。可以由如表2.13所描述的综合地形因子与洪水危险程度关系来换算地形因子系数。这样,高程越低、高程标准差越小,综合地形因子系数越大,表示越容易形成涝灾。

②河网密度一定程度上反映了一个地区的降水量与下垫面条件,它对洪水危险性有着较大的影响。河网密度可以间接反映洪水危险性的相对大小,即河网密度高的地方,遭遇洪水的可能性较大。河网密度用评估网格单元中河流的长度来表示。

表2.13　组合地形高程及高程标准差的地形因子系数赋值

地形高程(m)	地形标准差		
	一级(≤1)	二级(1～10)	三级(≥10)
≤100(一级)	0.9	0.8	0.7
(100,300](二级)	0.8	0.7	0.6
(300,700)(三级)	0.7	0.6	0.5
≥700(四级)	0.6	0.5	0.4

③一个地区不透水地表面积越大,降水越不容易下渗,容易产生径流,径流越大,则在低洼地区容易形成积水、渍涝。不透水地表面积占总面积的比可反映形成径流的可能性大小。

孕灾环境敏感性的计算综合考虑地形、河网及不透水地表组成,根据各因子可能对城市暴雨积涝的影响程度,将地形因子和河网密度、不透水地表面积比分别进行归一化后,利用加权综合评价法进行叠加。

加权综合评价法是对评价项目按其重要程度分别予以权重,突出评价重点,加权平均后以最大者为优。设某评价系统有 m 个待评价对象,由 n 个评价因素组成评价指标集,其数学表

达为

$$V(E,H,S)=\sum_{i=1}^{m}\sum_{j=1}^{n}W_i\times D_{ij} \tag{2.26}$$

式中，D_{ij} 为第 i 个方案第 j 个指标的归一化值；W_i 为第 i 项指标的权重。

敏感性指标值的各个因子的权重系数分别定义为 sd（综合地形因子）、si（不透水地面面积）和 sr（河网密度）。

（4）承灾体暴露性分析

暴雨洪涝造成的危害程度与承灾体的自然状况有关，它造成的损失大小还取决于发生地的经济、人口密度等风险暴露因子，即风险评估需要考虑承灾体的风险暴露特征。

承灾体暴露性主要涉及评估单元的地均 GDP、人口密度和重点防汛指标（重点防汛路段和防汛点比例）三个指标。其中，重点防汛路段比例为网格单元内所有重点防汛路段 2000 m 距离的"线"缓冲区面积占整个网格单元面积的比例，重点防汛点比例为网格内重点防汛点 2000 m 距离的"点"缓冲区面积占整个网格单元面积的比例。

由于承灾体在不同地区的风险暴露程度不一样，暴露因子对灾害的响应也不一样，在计算风险暴露因子指标时要给予不同的权重。城市地区人口聚集度高、经济实体及重点防汛目标较多，风险暴露因子较大。核算风险暴露因子指数时，暂将地均 GDP、人口密度、重点防汛指标三个评价指标的权重系数定义为 eg、ep 及 ef，然后根据加权综合法，求算承灾体暴露性指数。

（5）综合风险计算

城市暴雨积涝灾害风险是致灾因子危险性、孕灾环境敏感性、承灾体暴露性三个二级指标自下而上综合叠加的结果。灾害风险评估有许多概念模型公式，比较常用的是类似于联合国人道事务部采用的"风险＝危险性×易损性"的模型（莫建飞等，2010；扈海波等，2011），该式表明风险与风险因子之间的乘积关系。对于暴雨灾害风险评估来说，暴雨积涝风险与致灾因子危险性、孕灾环境敏感性、承灾体暴露性之间的定量关系同样是乘积关系，因为一个因子对另一个因子的影响呈现一种放大效应，而不是无量纲的取权重相加。考虑到各风险评价因子对风险的构成起不同作用，对每个风险评价因子分别赋予指数权重，按下式求算暴雨洪涝灾害风险指数，即

$$FDRI=(VE^{we})(VH^{wh})(VS^{ws}) \tag{2.27}$$

式中，$FDRI$ 为城市暴雨积涝灾害风险指数，表示风险大小；VE、VH、VS 分别为风险评估模型中的承灾体暴露性、致灾因子危险性及孕灾环境的敏感性指数；we、wh、ws 为评价因子的权重。评估的第三级指标，体现了这些因子在暴露性及敏感性的不同组成及影响方面，它们对上级因子的贡献是一种累加关系，在累加中所占的重要程度不一样，因此可以采用加权综合评价法来计算。这样将第三级指标系数及权重方程代入式(2.27)，得

$$FDRI=(VH)^{wh}\cdot(X_1\cdot sd+X_2\cdot si+X_3\cdot sr)^{ws}\cdot(X_4\cdot eg+X_5\cdot ep+X_6\cdot ef)^{we} \tag{2.28}$$

式(2.28)表达利用评估指标综合估算风险系数的一个非线性多元函数表达式。式中，VH 为致灾因子危险性变量；X_1、X_2、X_3 分别为孕灾环境敏感性指标中的综合地形因子、不透水地面面积、河网密度三个因变量；X_4，X_5，X_6 分别为暴露性指标中的地均 GDP、人口密度、重点防汛指标因变量；wh、sd、si、sr、ws、eg、ep、ef 和 we 即为需要估算的权重系数。

其中　　$wh + ws + we = 1, sd + si + sr = 1, eg + ep + ef = 1$
为系数约束条件。这里采用非线性多元函数的最小二乘法来估算权重系数，在式(2.28)的基础上用 Y 代替 $FDRI$，X_7 代替 VH，建立如下目标函数：

$$J(X_1, \cdots, X_7, Y)_{\min} = Y - X_7^{wh} \cdot (X_1 \cdot sd + X_2 \cdot si + X_3 \cdot sr)^{ws} \cdot (X_4 \cdot eg + X_5 \cdot ep + X_6 \cdot ef)^{we} \tag{2.29}$$

以 2004—2008 年北京地区暴雨积涝事件点的 Ripley'K 函数值(莫建飞等，2010)为观测结果值 Y，拟合出权重系数，并采用经验值订正系数取值(表 2.14)。

表 2.14　综合风险评估方程系数

	wh	ws	we	sd	si	sr	eg	ep	ef
最小二乘法估算值	0.562	0.389	0.049	0.532	0.397	0.071	0.33	0.147	0.523
经验参考值	0.5	0.3	0.2	0.5	0.4	0.1	0.3	0.2	0.5

拟合用 matlab 的 nlinfit 函数来求算，结果见表 2.14。从表中可以看出，采用最小二乘法拟合得到的风险暴露因子权重系数比致灾因子危险性及孕灾环境敏感性的权重要小很多，其原因在于 Replay's K 函数更多体现积涝灾害事件点的空间聚集情况，K 函数值显然与致灾因子危险性及孕灾环境敏感性有较大的相关性，而风险暴露因子则与积涝灾害事件的损失大小更有直接的因果关系。一般认为灾害风险大小不仅取决于灾害发生频次或者历史灾害事件点在空间上的聚集程度，还体现在损失大小上(王劲峰等，2006；黄崇福，2005)。鉴于这个原因，在表 2.14 的“经验取值”中将 we 的取值适当调高。基于同样的目的，参考前期的研究成果(扈海波等，2007a；2007b；2009；2010)，最后给出一组基于经验的权重系数用于暴雨积涝灾害风险值的计算。

2.4.4.2　暴雨灾害风险评估、预警实例应用及分析

(1)采用自下而上的北京地区暴雨积涝风险评估及区划实例应用

①暴雨危险性指数计算

根据历史雨量资料，得出北京地区暴雨危险性指数分布图(图 2.16)。从图中可看出，北京北部的怀柔、东部的通州、中部平原地区、西南部房山及门头沟地区的暴雨危险性指数相对较高，说明这些地区出现暴雨的可能性较大，当然暴雨出现概率及强度大的地区不一定说明发生暴雨积涝灾害的风险就大，还与敏感性及暴露性有关。

②暴雨积涝敏感性评估结果

图 2.17 呈现了地形因子参数计算流程，即利用 DEM 数据计算地形因子参数的图示结果及中间计算流程。从图 2.17a 的 DEM 地形图可见，北京西、北、东北三面环山，山区的高程标准差较大，说明地势起伏大，山区这种地形特征一般不太可能引起严重积涝，当然在山前平原及沟谷、盆地地带则比较容易出现山洪。平原地区地势平坦，从地形上看，比较容易形成积涝。图 2.17c 为采用表 2.13 的换算关系得出的北京地区高程条件影响积涝的系数分布，该分布图的趋势也基本反映了地形对产生积涝的影响特征，即平原地区的影响系数较大。

图 2.18a 为综合城市基础地理信息及遥测数据的基础上所得出的北京地区不透水地表面积组成的归一化值分布图。北京地区的不透水地表比例在城市地区显然要比城市近、远郊及农村地区大，尤其在二环外、四环以里的城区不透水地表比例最大，而在二环以里部分地区因为有湿地及公园用地，不透水地表比例略有下降。不透水地表通常导致地表径流及积水增加，

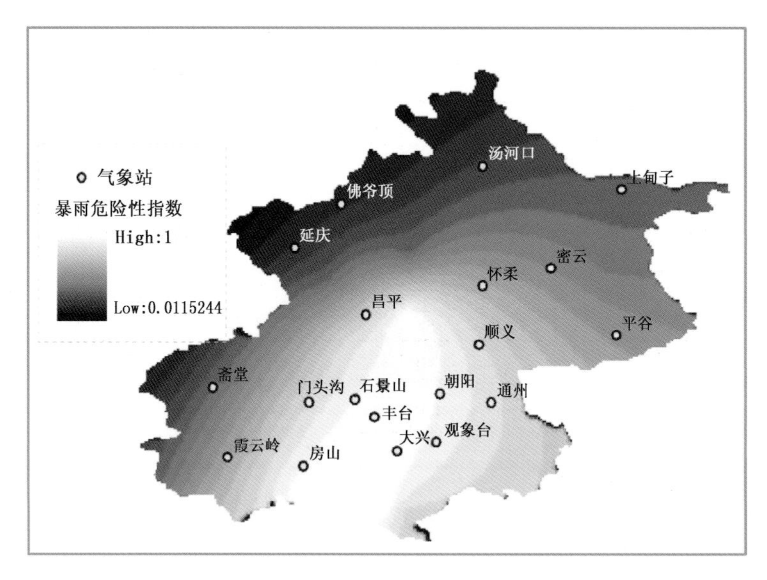

图 2.16　北京地区暴雨危险性指数分布

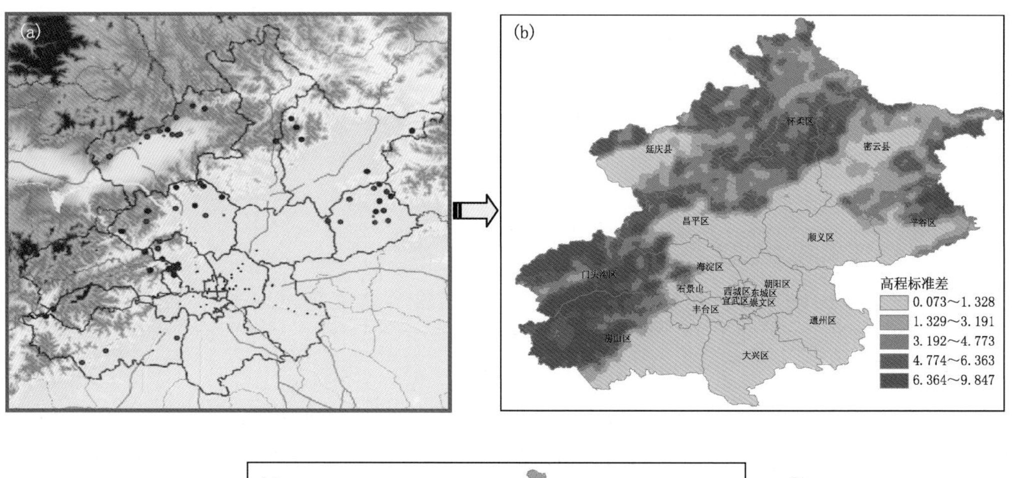

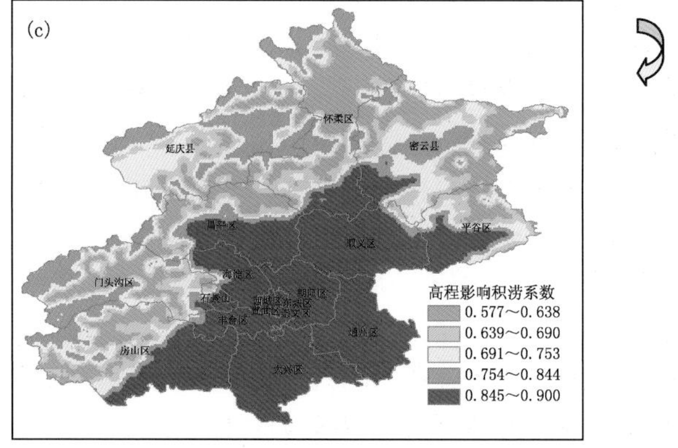

图 2.17　地形因子参数计算流程

(a)北京地区地形;(b)北京地区地形高程标准差分布;(c)北京地区受高程影响积涝系数分布

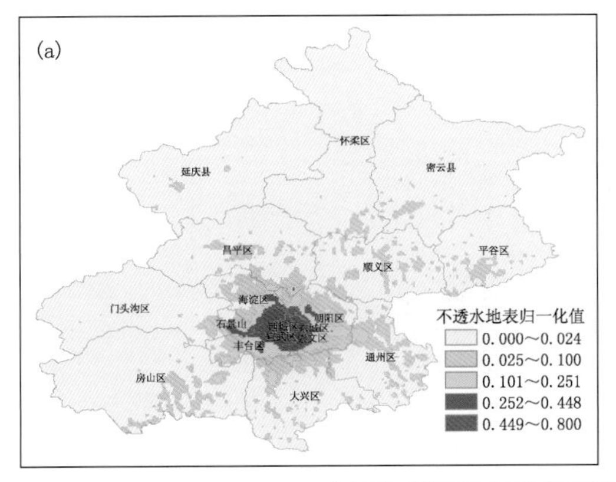

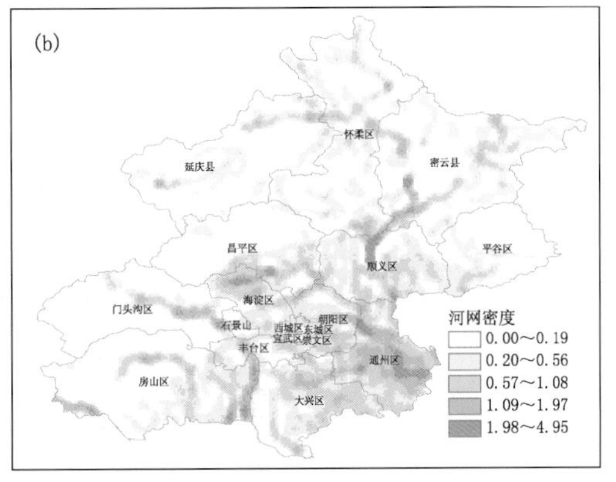

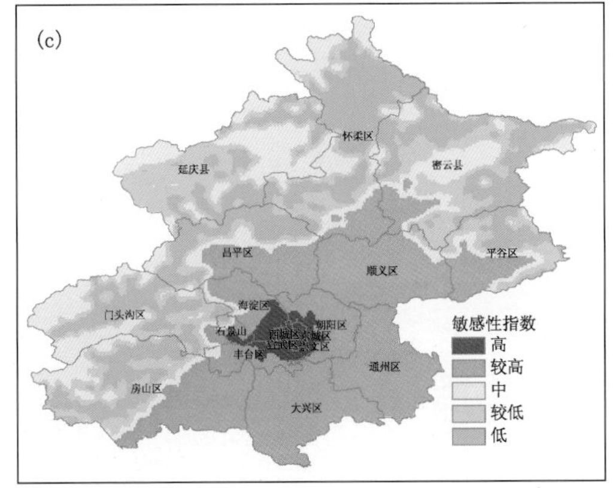

图 2.18　北京地区基础地理信息

(a)不透水地表归一化值;(b)河网密度;(c)敏感性指数

地表出现峰值径流的反应时间缩短。城市不透水地表扩展常会增加城市地区出现积涝灾害风险的可能性。

图 2.18b 是河网密度分布图,一般来说河网密集地区通常是汇水及集水区域,其出现洪涝灾害的可能性也相对较大,从图中可见,北京平原地区尤其是南部及东南部地区的河网密度较大。

图 2.18c 为综合地形、不透水地表组成及河网密度因子,自下而上地评估得出的北京地区暴雨积涝敏感性分布图。从影响敏感性因子的自然状况来看,北京城市地区位于平原地带,这种地形特征不利于积水的排泄,而且城区的不透水地表面积比例较大,河网密度也相对较大,导致中心城区的暴雨积涝敏感性指数比城市郊区及农村地区大,同时受地形因素的影响,平原地区的敏感性指数也明显大于山区。

③风险暴露因子计算结果

人和经济实体通常是自然灾害的首要冲击目标。暴雨积涝灾害的风险暴露因子主要涉及灾害影响地区的人口及经济实体的分布状况。另外这里把反映承灾体脆弱状况的重点防汛路段及防汛点信息也列入风险暴露因子中。因此,将评估单元内的人口密度(人/千米^2)、地均GDP(元/千米^2)及重点防汛三项指标作为衡量灾害风险暴露程度的评估因子,图 2.19a～c 为北京市人口密度、地均 GDP 及重点防汛指标分布图,用这三项指标叠加可得出上一级的暴露性指数(图 2.19d)。

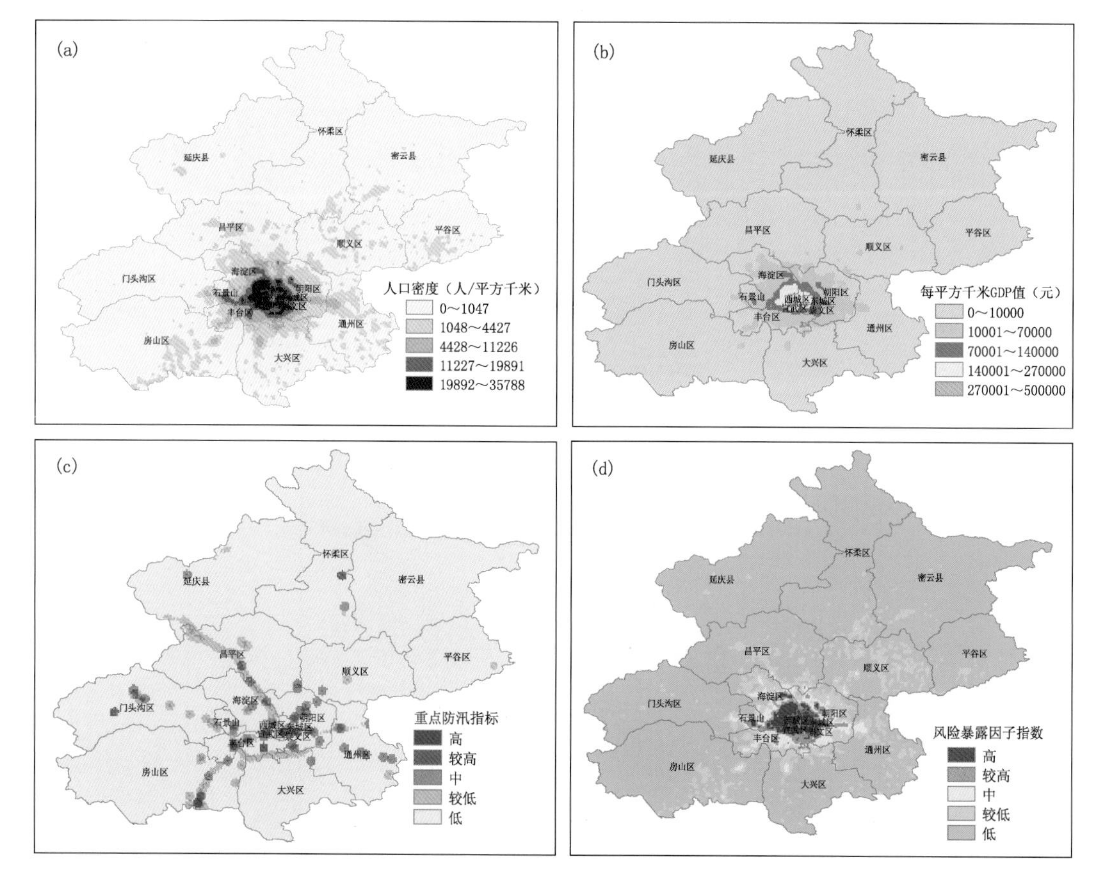

图 2.19　北京地区风险暴露评估因子与指数

(a)人口密度;(b)每平方千米 GDP 值;(c)重点防汛指标;(d)风险暴露因子指数

④综合暴雨积涝灾害风险结果

在危险性、敏感性及暴露性由下级指标评定后，按式(2.27)、式(2.28)可计算出每个评估网格单元的风险值，然后利用自然断点法划分出 5 级风险区域(图 2.20)。图 2.21 为北京地区 2004—2008 年的暴雨积涝分布图，对比图 2.20 的评估结果及图 2.21 所反映的历史灾情分布，可发现二者在积涝灾害密度分布大小、灾害点的地理位置上能很好地对应。当然暴雨导致积涝的过程确实是一种弱致灾过程，形成暴雨积涝的影响因子还很多，在风险因子的界定及体量上还有待深入，但是评估方法所计算出的结果可反映暴雨积涝的风险状况，能快速圈定各风险等级区域及风险点，这对积涝风险的防范、规避及治理还是具有实际应用价值的。

(2)城市暴雨积涝风险预警实例应用分析

暴雨积涝灾害综合风险评估结果可大致反映暴雨积涝灾害的风险分布趋势及状况。风险评估及评估结果的实际意义在于可迅速圈定风险区域，而且划分出的风险区域与实际情况基本上是吻合的。那么如果采用预报或实况雨量来替换由历史暴雨资料所统计的危险性指标，自下而上的网格化评估方法是可以用来制作具有业务应用价值的灾害风险预警产品。

图 2.22 显示了采用自下而上的暴雨积涝风险评估模型在 DRAS(Disaster Risk Assessment System，灾害风险评估系统)平台中的实例应用情况。实例应用以 2011 年 6 月 23 日发

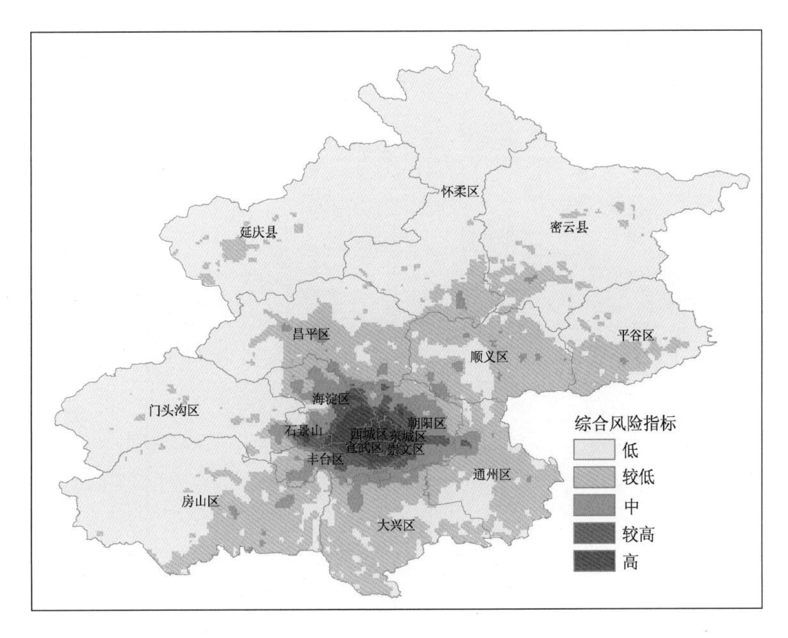

图 2.20　北京地区暴雨积涝综合风险区划

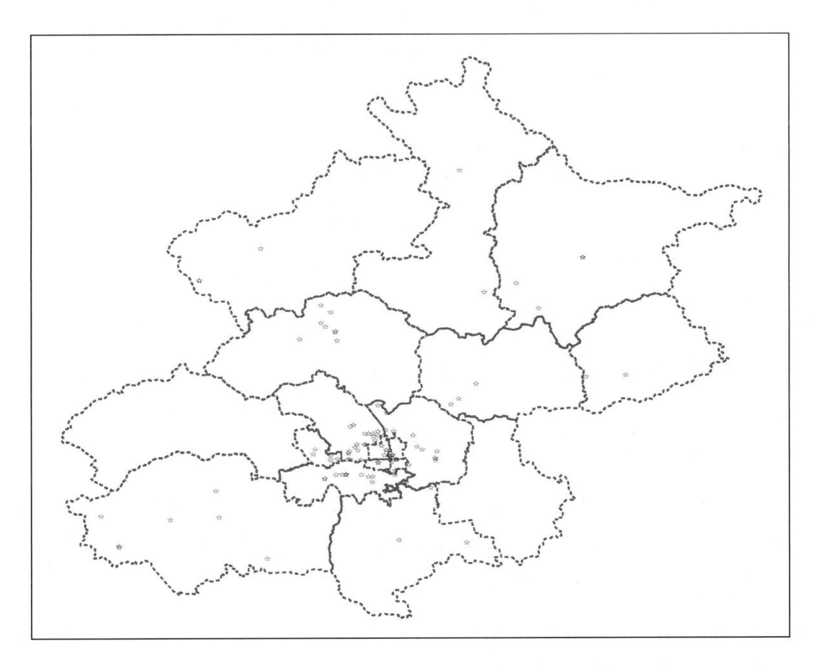

图 2.21　北京地区 2004—2008 年暴雨积涝灾害事故点分布

生在北京的那场强降水天气过程为个例，进行风险评估及预警结果检验及分析。当日这场暴雨在北京引发了全市性的城市内涝，其中北京西部及西南部地区多数立交桥被淹。图 2.22 为截止到当日 18:30 的北京地区累计雨量分布图，该累计雨量为 DRAS 平台动态统计每个网格单元内自本次过程中出现降水后的 BJ_ANC“6 min”一次的 QPE 定量降水估计得到。图 2.23 为采用式(2.24)换算后所得到累计雨量的等效日雨量分布，从图中可见，该时刻北京城区西部

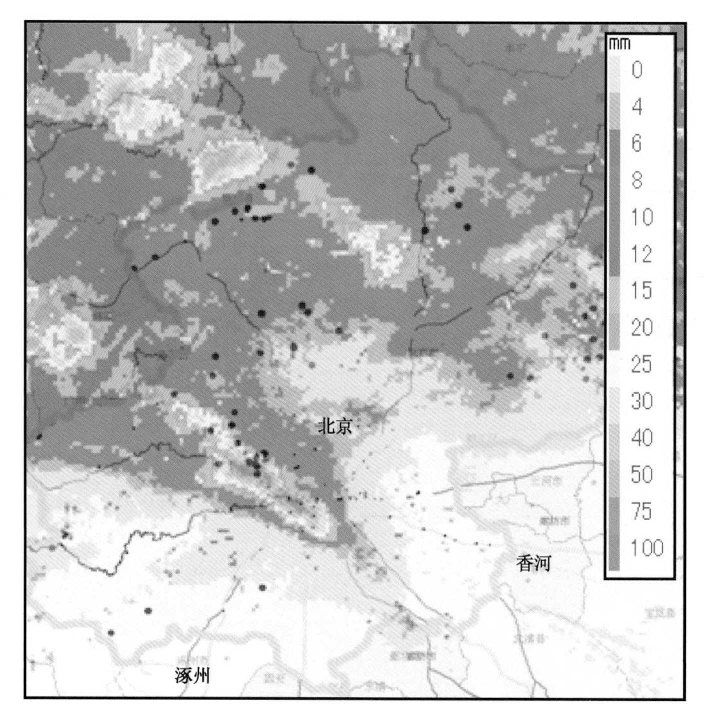

图 2.22　“6·23”暴雨截至 18:30 累计雨量分布

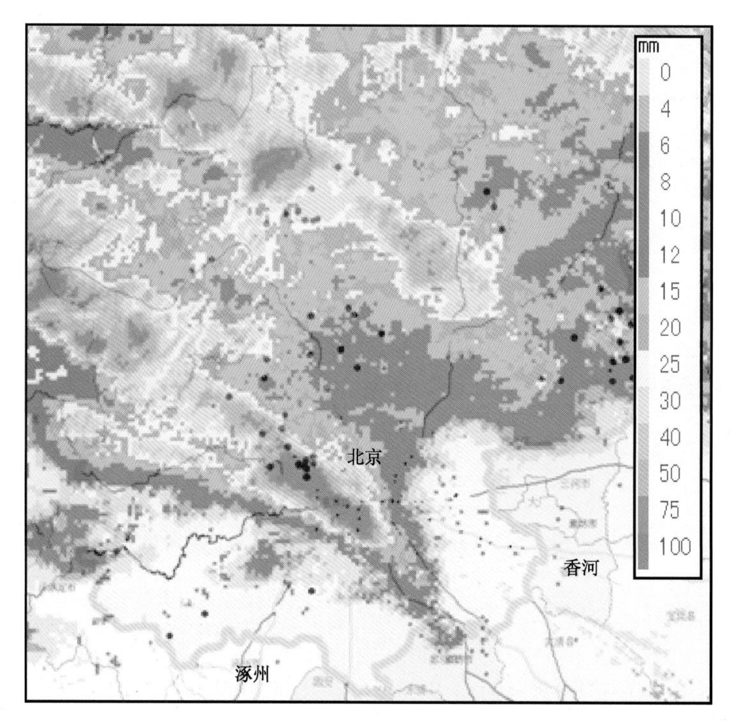

图 2.23　“6·23”暴雨截至 18:30 等效日雨量分布

及西南部区域的等效日降水超过了 100 mm 的降水强度，达到大暴雨强度。图 2.24 为截止到 18:30，DRAS 平台给出的北京地区城市暴雨积涝快速风险评估结果。该评估结果以该时刻的等效日雨量为致灾因子强度来计算危险性指数，然后与敏感性及暴露性因子作叠加得出。快速风险评估结果显示西部及西南部分地区（图 2.24 中 A 处）的风险等级达到中、高风险等级，而之后发生的全市性积涝灾害情景基本验证了这一评估结果。图 2.25 为当日发生严重积涝的北京市莲花桥地区 16:30—18:30 的累计雨量、等效日雨量及风险指数的时间序列演变图，从图中可见，在 17:45 左右该地风险评估归一化指数接近 0.3，等效日雨量超过 100 mm，基本达到中等风险等级（橙色预警程度），而在 18:30 左右风险指数近 0.8，等效日雨量超过 180 mm，达到高风险等级（红色预警程度）。此实例应用表明，采用自下而上的城市暴雨积涝快速风险评估与实况及实际风险状况基本一致，可作为风险预警及警示信息。

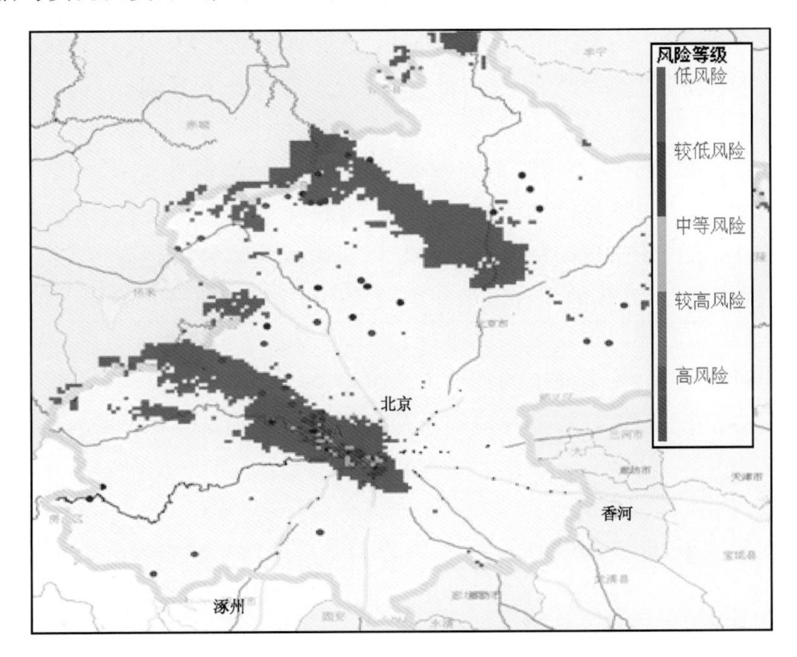

图 2.24　“6・23”暴雨截至 18:30 暴雨积涝快速风险评估结果

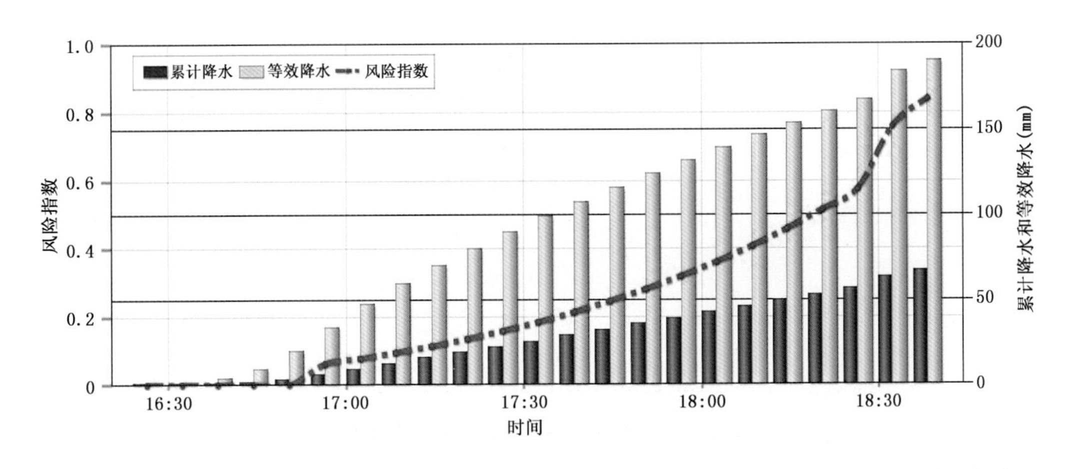

图 2.25　“6・23”暴雨莲花桥截至 16:30—18:30 累计雨量、等效日雨量及风险指数的时间序列

2.4.4.3　总结

将暴雨积涝风险评估指标划分成三级指标体系，然后按自下而上的原则综合计算上一级评估指标。危险性指标分两种情况：一是类似本书风险区划所采用的方法，即在历史暴雨资料中选出100次最大暴雨过程，经100次插值后通过叠加每次暴雨过程的危险性指数值来完成；二是在暴雨实时业务监测应用中，用实况及预报的雨量数据来换算危险性指数值。暴雨积涝的敏感性指标则主要针对地形、下垫面不透水地表、河网密度对形成暴雨积涝的敏感程度来核算。其中通过计算DEM数据中每个格点的高程标准差来确定地势的起伏程度，结合高程值给出高程影响的积涝系数，以此作为地形影响因子指标；不透水地表对积涝形成也有较大影响，它减少雨水的下渗，使地表径流峰值提前，流量加大，从而增加积涝发生的风险，是重要的敏感性因子指标；河网密度反映地表汇水及集水状况。基于这三项敏感性因子可自下而上地估算暴雨积涝敏感性指数。暴雨积涝的风险暴露因子主要涉及人口及经济状况的人口密度、地均GDP，以及重点防汛三项指标。最后综合危险性、敏感性及暴露性指标值可得出城市暴雨积涝风险指数。

采用自下而上的风险评估及区划应用实例显示，北京城区地处平原，地势低平，城市不透水地表面积比例较大，人口及经济实体较为集中。从历史暴雨资料来看，城市地区的暴雨发生频次并不比郊区少，暴雨积涝风险较高。城市暴雨积涝风险预警以北京"6·23"暴雨为个例进行检验分析，实例应用以QPE的累计雨量作为致灾因子强度，结合自下而上的评估方法进行快速风险评估，结果与实际风险状况较为接近，基本可反映出当日北京市全市性的暴雨积涝灾害状况。从应用性能上看，自下而上的评估方法可快速圈定风险等级区域，除了可用于灾害风险区划及评估，还可用于制作具有业务应用价值的城市暴雨积涝灾害风险预警产品。

2.4.5　桂林市气象局

桂林属于南岭山系，北有越城岭山脉，东南面有海洋山脉。越城岭山脉的猫儿山为华南第一高峰，海拔高达2200 m多，此外，高达1000 m的山峰也很多。山地、丘陵、平原均有分布，其中山地面积超过70%，形成一定坡度的地形地貌。同时，境内有中小河流200多条，形成网状覆盖13个县市，每年的暴雨季节常常引发洪水。此外，暴雨极易诱发崩塌、滑坡等地质灾害，因此，基于减灾决策的需要，应建立中小河流洪涝和地质灾害风险预警系统。

2.4.5.1　关键技术

桂林中小河流洪涝和地质灾害风险预警系统是基于桂林市200多条中小河流洪涝和500多个地质灾害隐患点、13个县市的地质灾害的气象风险预警的需求而研制。

系统采用的资料有位于桂林的200多个自动站雨量资料、位于水利网的500多个雨量自动站资料、桂林雷达监测资料、SWAN系统的1小时及QPE和QPF资料、欧洲中心数值产品、日本数值产品、T639雨量产品等。采用技术包括STGis(北京轩程通达科技有限公司自主研发的GIS系统)、基于Ajax的RIA技术(STFNet框架)、降水等值线算法、基于泰森多边形的面雨量算法、新安江洪水预报模型算法、格点内插技术、权重平均技术等。

(1)系统架构设计

系统架构设计一共分四层，最底层为数据层，包括气象自动站数据、各种模式预报结果数据、雷达数据、水文水位数据和地理空间数据。

之上一层为数据采集同化处理层，由于各种数据格式、存储方式、存储地点不同，通过实时采集统一处理到系统业务数据库，形成地质山洪灾害气象风险预警业务数据库。

在此之上为业务支撑层，主要包括洪水预报计算、风险等级判定等。

最顶层主要包括系统管理、各种要素监测、预报预警展示、预警信息发布等。

降水量是洪涝灾害最主要的诱发因子，本系统中有关降水量的等值线算法、面雨量算法等技术是系统的关键技术。本部分将介绍在本系统中有关这两种算法的研究与实现。

(2)等值线算法研究以及实现

等值线算法主要分三部分：第一部分包含采样点(在本系统中，就是气象站点、地质隐患点等各种监控站点)的区域平面剖分；第二部分是降水量插值算法；第三部分是等值线与等值面提取。

目前，公认的最为合理的平面三角剖分是 Delaunay 三角剖分，在本系统借助开源项目 OpenCV 实现 Delaunay 三角剖分。在实现等值线算法过程中，通过大量对比实验，最终采用"信息园内最多6点插值"算法。

在本系统研究实现过程中，对"信息园内最多6点插值"进行了稍作修订，修订成"信息园6点插值"算法。其思路基本上和原算法一致，主要在计算目标区域边缘地区的格点值的时候，选择考虑区域外采样点，如果没有则在区域插入一个无限远的0值采样点，在计算的时候把这些点考虑进来。实现的时候，无限远的距离是指距离区域中心点外接圆的直径三倍距离。

等值线算法第三个主要部分是等值线追踪以及等值面归并。在得到每个格点的值以后，把原采样点和格点再次使用 Delaunay 三角剖分算法，可以获得整个区域的最终平面三角剖分，并得到一个邻接三角形的队列。

根据每个三角形以及三个顶点的值，对三角形进行归并。基本思想是，对于每一个还没有处理的三角形，针对某个阈值 M_i，根据三角形三个顶点的值与阈值 M_i 进行比较，可以把这个三角形归并到 M_{i-1} 到 M_i 或者是 M_i 到 M_{i+1} 区间段。

当三角形的三个顶点值完全大于 M_i 则放到下一个阈值 M_{i+1} 处理阶段处理；或者根据三个顶点与 M_i 相对大小，把这个三角形分成两个或者四个三角形，归并到 M_{i-1} 到 M_i 区间段或者放到下一个阈值 M_{i+1} 处理阶段处理。

(3)面雨量算法

面雨量是指某一特定区域或流域的平均降水状况，定义为单位面积上的降水量。面平均雨量可表示为

$$\overline{P} = \frac{1}{S}\int_S P\,\mathrm{d}s \tag{2.30}$$

式中，S 为特定区域的面积；P 为有限元 ds 上的雨量。

面雨量的计算方法很多，主要有足部订正格点法、三角形法、算术平均法、格点法、等雨量线法、泰森多边形法等。本系统采用泰森多边形法。

在本系统中实现思路如下：针对某个流域内的采样点，首先利用基于开源项目 OpenCV 获取目标区域包含每个采样点的泰森多边形，然后根据式(2.31)，把每个点 i 的降水值 P_i、权重系统 μ_i，以及每个多边形面积 ds_i 相乘求和，除以流域总面积，可以得到该流域的面雨量。

$$\overline{P} = \frac{1}{S}\sum_i \mu_i P_i ds_i \tag{2.31}$$

基于面雨量技术，流域面雨量预报的流域风险等级结果可以直接显示为图片。

(4)河网与流域的确定

应用 ArcGis 地理信息系统确定了桂林大、中、小三级共 200 多条河流和流域的边界。

首先用 Flow Direction 工具计算每个网格的流向。ArcGIS 通过每个格点相邻 8 个网格的高程计算水流方向。根据流向用 Flow Accumulation 工具计算每个网格的汇流累积量。汇流累积量即上游汇水网格数，表征上游有多少网格的水将汇流到此网格。用 Raster Calculator 工具提取汇流累积量大于阈值的网格。事实上，汇流累积量对应着该处的水流量，因此可以设定一个阈值，通过调整阈值来控制所提取出的河流的大小。在河网上选定出水口，提取流域范围。新建并编辑一个 Point 矢量图层，用 Watershed 工具计算流域范围。将河网和流域边界点矢量化。用 Stream to Feature 工具将河网转换为 Polyline 矢量。此时可对 Polyline 进行编辑，以修正因平坦地形、洼地填充等原因可能会造成的河道识别错误。修正后，用 Feature Vertices to Point 工具将河流转换成 Point 矢量，最后在图层属性中添加两列，分别计算河流点的经度和纬度，输出为文本格式。而对于流域边界，则需要先用 Raster to Polygon 工具转换为 Polygon 矢量，再用 Feature to Polyline 工具转换为 Polyline 矢量，然后用相同的方法进行修正和提取经纬度。

2.4.5.2　监测预警产品

(1)地质灾害隐患点、中小河流域关键点、水库关键点降雨实况监测系统

利用内插技术将自动站雨量内插到桂林滑坡地质灾害隐患点、易发区，实时显示实况雨量，用于监测雨量的变化，以判断滑坡危险的程度。

利用内插技术将气象自动站雨量数据内插到中小河流域关键点和水库上，实现对中小河流域关键点雨情、水库雨情实时监测。同时根据各个地质灾害隐患点的灾害等级别的雨量阈值，将每个点地质灾害分为四个等级别、四种颜色进行监测与预警显示(图 2.26)。与气象自动站雨量系统进行实时数据交换；全市 150 多个乡镇自动气象站雨量收集；实时显示过去 10 min、30 min、1 h、2 h、3 h、6 h、12 h、24 h 或任意时段雨量图，与中小河流域、水库 GIS 地图

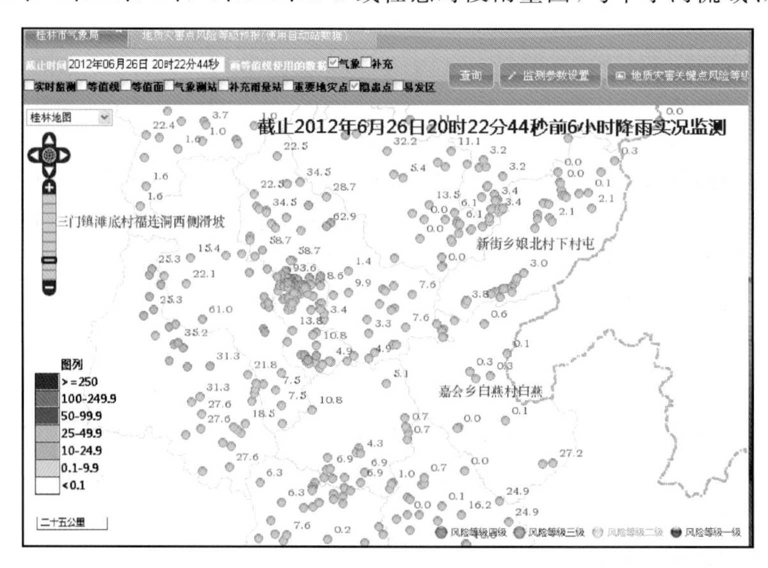

图 2.26　桂林市地质灾害隐患点雨量监测

的叠加；可对雨量进行统计汇总，生成报表或图表输出。雨量数据与 GIS 地图数据叠加的显示方式做到叠加的各个图层标识明确、图像叠加清晰；既要能全面显示，也能分别显示各小流域、水库降雨实况变化。

系统能滚动提供水库关键点、地灾隐患点雨量 10 min 和 1 h、2 h、3 h、6 h、12 h 累积雨量（数据和图形），提供阈值比对，超过阈值将报警信息加入到报警消息框。

预警系统同时能够提供阈值比对，超过阈值将报警信息加入到报警消息框，地质灾害关键点的雨量达到或超过阈值时，地灾关键点可以闪烁，并发出报警声音（图 2.27）。

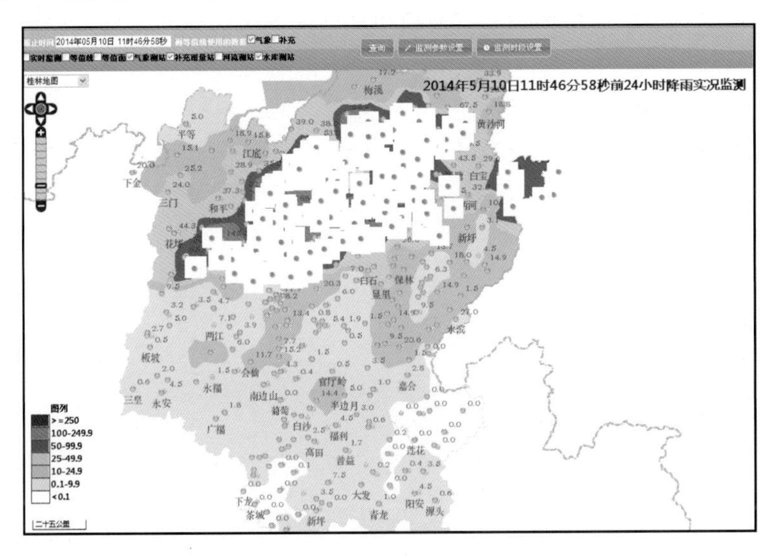

图 2.27　2014 年 5 月 10 日地质灾害关键点闪烁、报警

（2）面雨量、水位与流量监测系统

利用面雨量算法和自动站雨量计算出江河流域面雨量，系统能显示桂林中小河流域面雨量、水库面雨量的变化。

建立了桂林市中小河流域、主要水库信息管理综合数据库，实现对所有流域水位信息的记录和查询，并能直接应用于地理信息系统（GIS）的查询定位等展示功能。可以呈现流域面雨量与江河水位随时间的动态变化趋势。如曲线图、柱状图，可以同时显示在一张图上。面雨量算法、自动站雨量由气象数据提供，中小江河能分别显示。图 2.28a 为 2013 年 8 月 19 日 08 时实时水情监测。8 月 19 日台风“尤特”影响期间，桂江平乐站水位和荔浦河水位超过了警戒水位。桂江平乐站水位从 8 月 19 日 08 时至 20 日 01 时超过警戒水位。荔浦河水位从 8 月 19 日 05—20 时超过警戒水位，显示河流为红色。8 月 18 日台风“尤特”影响期间，桂林东部、南部出现暴雨。恭城茶江水位从 09 时到 16 时超过警戒水位，从 8 月 18 日 08 时实时水情监测图可以看到，恭城茶江水显示为红色，其他没有超过警戒水位的河流显示为蓝色（图 2.28b）。

当江河、水库水位实况低于警戒水位时，在地图上显示为蓝色，当江河水位的实时监测数据达到警戒水位时显示为黄色，达到危险水位时，显示为红色（图 2.28），显示闪烁的预警标志，并发出声音报警。

（3）精细化雨量预报系统

可实时查询桂林市气象台提供的中小河流域、水库的短临雨量预报和短期雨量预报。与

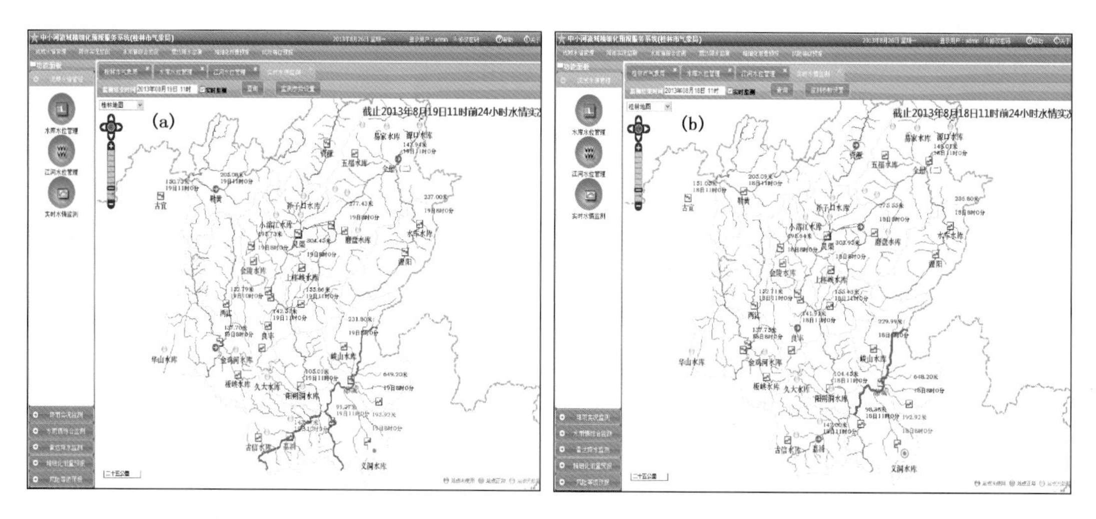

图 2.28　实时水情监测

气象各数据系统进行实时数据交换；可以显示 0～24 小时逐小时间隔、24～72 小时逐 12 小时间隔的流域定量精细化降水预报产品。能将数值产品雨量预报内插到乡镇自动站和流域关键点显示。雨量预报与流域图数据叠加的显示方式要求做到叠加的各个图层标识明确、图像叠加清晰；有平面地图、地形图叠加。

(4)桂林市地质灾害气象风险等级预警

根据地形、地貌级地质状况分别确定桂林市共 13 个县市 1000 多个地质灾害隐患点的 3 h、6 h、12 h 的雨量阈值，分 13 个片区设定地质灾害的区域阈值。根据桂林 13 个县市的不同地质状况，对地质灾害历史个例进行分析，确定不同区域地质灾害雨量预警级别，利用等值线技术，对应地质灾害预警等级，实现全市县范围地质灾害气象风险的预警。利用等值面技术将 13 个片区统一分为蓝、黄、橙、红四个等级。图 2.29 为 2014 年 5 月 22 日地质灾害气象风险等级预警图与永福县的滑坡图比较，可以发现，2014 年 5 月 22 日地质灾害预警显示永福为黄色报警，相应的位置出现了滑坡现象，可见预警还是有意义的。

图 2.29　2014 年 5 月 22 日地质灾害气象风险等级预警(a)与永福县的滑坡(b)

(5)基于面雨量的流域气象风险等级预警

利用模式计算面雨量。收集防汛办水文图片资料、12 个县局的河流资料，共收集到桂林 200 多条河流信息，同时利用 ARGIS 获取流域的信息，将桂林市河流分为三级显示。能将数值产品雨量预报内插到桂林自动站点上和有关河流的关键点上。利用新安江模式计算面雨量，确定域值，分四个等级预警。图 2.30 为欧洲中心数值产品雨量预报报出荔浦河和桂江在 2013 年 8 月 18 日 16 时到 19 日 16 时出现四级风险，实况(表 2.15)是 19 日 05—17 时，水位都超过了警戒水位。

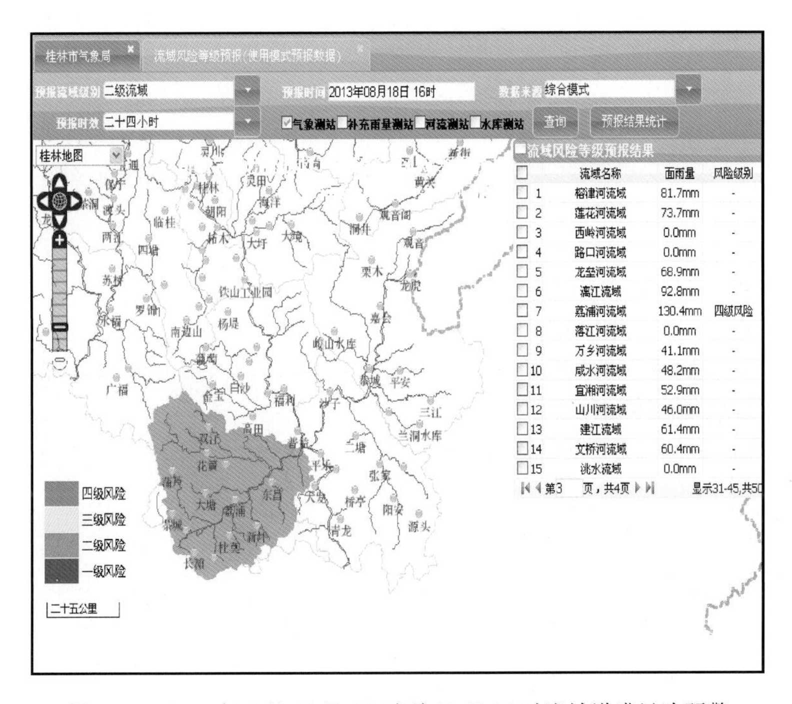

图 2.30　2013 年 8 月 18 日 16 时到 19 日 16 时流域洪涝风险预警

表 2.15　荔浦河水位情况

日期	时间	水位(米)	备注
2013 年 8 月 19 日	05 时 40 分	143.20	超警戒水位 0.03 米
2013 年 8 月 19 日	08 时 40 分	143.68	超警戒水位 0.51 米
2013 年 8 月 19 日	11 时 40 分	143.97	超警戒水位 0.80 米
2013 年 8 月 19 日	14 时 40 分	144.14	超警戒水位 0.97 米
2013 年 8 月 19 日	17 时 40 分	143.42	超警戒水位 0.25 米
2013 年 8 月 19 日	20 时 40 分	142.62	已降至警戒水位以下

2.4.5.3　小结

本系统建立了桂林市地质及山洪灾害气象风险预警系统，加强了辖区内强降水天气实况的监测，可以以网页形式提供洪涝气象风险预警等级信息发布。可以利用自动站雨量资料、数值预报产品资料,面雨量技术、数学内插技术实现对桂林 500 多个地质灾害隐患点及全境的地质灾害气象风险和 200 多条河流的山洪气象风险等级的预警。在洪涝风险的预警中,利用经验提供的关键点自动站雨量和面雨量技术,在使用过程中须进一步检验其优越性,面雨量的洪涝等级的阈值也在不断调整,在 2013 年和 2014 年的决策服务应用中效果较好。

第3章　风雨预报的检验

预报检验技术方法的发展源于客观评价预报预测效果和技术进步的需要，同时又对预报预测技术的不断发展进步起促进作用。对于灾害预评估技术来说，预报结果的质量直接决定了评估的效果。在数值模式中，模式的不确定性也可以作为一种评估因子来处理。这个因子也是风险因子的一部分。但是，该类因子该如何处理需要不断总结研究。本章只是将近几年研究的情况陈述于此，供读者参考。

3.1　降雨检验

3.1.1　目前的预报检验方案

3.1.1.1　二元事件的确定性预报

很多气象现象可以看作是简单的二元事件，其预报或预警通常可以一种绝对的方式发布，即是否发生。目前，气象中心业务中常用的 TS 评分方法即属于其中的一种。通过预报和实况的对照，可将预报效果分为命中(a)、空报(b)、漏报(c)、正确否定(d)四类，计算各类情况的百分比来表示任意一种预报的正确比例(表 3.1)。

表 3.1　n 个二元事件序列之确定性预报的概要性列联表

预报事件	观测事件		
	发生	不发生	总计
发生	a	b	$a+b$
不发生	c	d	$c+d$
总计	$a+c$	$b+d$	$a+b+c+d=n$

TS 评分：$TS=\frac{a}{a+b+c}\times 100\%$

漏报率：$PO=\frac{c}{a+c}\times 100\%$

空报率：$FAR=\frac{b}{a+b}\times 100\%$

3.1.1.2　概率预报

从广义上说，天气预报是对未来大气状态的一种真实性描述，但是这种信息往往是不完整的，或者具有不确定性，预报员在做预报时需将这种不确定性恰当地表达出来，以概率的形式发布预报结论。

用 Y 表示预报量，将其建模为一个随机变量，其取值是集合 K。假设 K 为供选方案的有限集合(例如“雨/冰雹/雪/日照”)，标记为$\{1,\cdots,K\}$；则 Y 的值(即 K 的元素)将以小写字母如 k 或 l 表示。

K 上的概率赋值是具有非负项的 K 维矢量 $\boldsymbol{p}$，因此，$\sum_{k=1}^{K}\boldsymbol{p}_k=1$。通常概率赋值以 p 和 q 表示。概率预报方案是某一随机变量 Γ，其值为 K 上的概率赋值。也可将 Γ 看作 K 个随机变量$(\Gamma_1,\cdots,\Gamma_K)$的矢量，其满足：

$$\Gamma_K \geqslant 0\ (k \in K),\sum_{k=1}^{K}\Gamma_K = 1 \tag{3.1}$$

由于 K 上的概率赋值构成一个连续统一体，因此 Γ 通常是具有连续取值范围的随机变量。如果 Γ 是预报时效为 48 小时的天气预报方案，则其将取决于获得观测 48 小时之前的气象信息。

3.1.1.3 极端事件的确定性预报及警报

对于极端天气事件预报、警报的检验，目前在研究领域还是一片空白。社会对提供这种极端事件预报服务的需求越来越迫切，与此同时，一些国际研究合作活动，诸如世界气象组织的“观测系统研究与可预报性试验”计划也关注这个方面。例如，对于龙卷的过度空报问题，事实上这是正常的，因为没有预报出一个龙卷的后果要比发出一个错误警报造成的后果严重得多。

进一步的分析表明，当预报事件的罕见性增加时，一些预报性能的检验方法将会更容易获得高分。由于检验方法中存在这种缺陷，所以很难评价不同罕见事件的预报性能。例如，要说一个预报系统对罕见事件比对常规事件预报得好，这可能只针对预报性能的一方面是对的，很有可能对其他一些方面刚好相反。

当对罕见事件的预报进行检验时，罕见事件的观测数量很小，这则是造成麻烦的另外一种原因。

近几年，这方面已经提出了一些新的检验方法。表 3.2 给出了这类预报的普适列联表，从中可以知道，随着基准率 $p=(a+c)/n$ 减小至 0 时，很多传统方法的检验值都变得很小。然而这些方法对了解预报性能仍然是很重要的工具，其衰减行为仅仅反映了维持罕见事件预报性能特殊属性的难易程度。衰退行为使得一个方法的作用被削弱，这也为研发不会衰退的新方法提供了动力。

表 3.2　事件和无事件预报和观测频率的列联表

	观测	未观测	
预报	a	b	$a+b$
未预报	c	d	$c+d$
	$a+c$	$b+d$	n

对一个给定的基准率 p 和样本长度 n，列联表包括预报比率 $q=(a+b)/n$ 和相对命中频率 a/n。为了描述预报性能是如何衰退的，需要检验后面这两项是如何随着 p 减小至 0 的。当然，随着基准率的减小，还没有通用的理由说这些项的变化应该遵从某种特定的规律，而且如果没有特定的规律可循，那么就无法去衡量一个衰减率的大小。所以只能对所选定的检验方法，按照给定的基准率计算衰减率。

关于 a/n 如何随着基准率 p 衰退的一个相当灵活的假定模型如下：

$$\frac{a}{n} \sim \alpha(pq)^{\beta/2} \tag{3.2}$$

随着 p 趋向于 0 时，$\alpha>1$ 和 $\beta\geqslant1$ 是控制衰减的常数，符号 $x\sim y$ 是指 x/y 趋于 1。例如，当预报事件以概率 q 随机发生时，a/n 的期望值是 pq，在这种情况下 $\alpha=1,\beta=2$。实际上，除非 q 和 p 以同样的速度衰减，否则这个模式是不太可能很好地描述 a/n 的衰减率，因此，频率偏差 q/p 趋向于一个有限的整的常数。如果 p 和 q 以不同的速度衰减，那它们对衰减率 a/n 的影响就不能简单地描述了。而且，还没有理论能说明 q 是如何随着 p 的衰减而变化的。

3.1.2　针对预评估业务的检验方案

3.1.2.1　资料和方法

本书选取 2012—2014 年 ECMWF 模式和 NCEP-GFS 模式 20 时起报（北京时，以下皆同）的 6 h 降水预报场进行预报效果对比分析，实况为江南、华南地区八省区（湘、赣、浙、闽、粤、桂、黔、琼）611 个气象观测站对应时次地面 6 h 降水观测资料，即 14 时 6 h 降水观测对应的是模式 12～18 h 累计降水预报，20 时 6 h 降水观测对应的是模式 18～24 h 累计降水预报，02 时 6 h 降水观测对应的是模式 24～30 h 累计降水预报，08 时 6 h 降水观测对应的是模式 30～36 h 累计降水预报（表 3.3）。试验选择的区域为湖南、江西、浙江、福建、广东、广西、海南、贵州 8 省区。

本项目选择 6 h 降水量≥13 mm（大雨量级）的站点超过总站数的 15%，同时出现降水的站点超过 60 个的降雨过程，作为致灾性降雨过程。

表 3.3　模式预报时次与观测时次对应情况

降水观测时段	模式起报时间	预报时效
08—14 时	20 时	12～18 h
14—20 时	20 时	18～24 h
20—02 时	20 时	24～30 h
02—08 时	20 时	30～36 h

3.1.2.2　降水准确率算法及暴雨预评估风险等级划分

（1）算法的意义和背景

TS 评分反映了对降水有效预报的准确程度，在同一季节对同一地区的预报具有可比性。该评分的不足：TS 评分只针对某一降水量级检验，是预报正确与否（0 或者 1）的一种信号统计方法，该方法虽然简洁明了，且也定性地反映了降水预报，但它并不能公平地反映出数值预报模式降水的准确度，比如某一观测站降水为 24 mm，而模式 1 预报 24 mm，模式 2 预报了 11 mm，从 TS 评分的角度看，模式 1 和模式 2 具有相同的检验结果，但事实上显然模式 1 的预报要远好于模式 2，所以基于 TS 评分对模式预报准确度不甚合理的角度，设计了下面的一种检验方式，可以更加公平地比较模式预报降水的准确度。

（2）算法公式

采用相似性度量中的距离度量方法，距离度量用于衡量个体在空间上存在的距离，距离越

远说明个体的差异越大。基于这种思想，提出了一种新的降水预报准确度度量公式，即

$$p=\begin{cases}\beta(1-\frac{O-f}{O-O_{\min}}) & (O_{\min}\leqslant f\leqslant O_{\mathrm{low}})\\ 1-\frac{O-f}{O-O_{\min}} & (O_{\mathrm{low}}\leqslant f\leqslant O)\\ 1-\frac{f-O}{O_{\max}-O} & (O_{\mathrm{high}}\geqslant f>O)\\ \beta(1-\frac{f-O}{O_{\max}-O}) & (O_{\max}\geqslant f>O_{\mathrm{high}})\\ 0 & (f\leqslant O_{\min}\text{ 或 }O_{\max}\leqslant f)\end{cases}\tag{3.3}$$

式中：O 是站点降水；f 是模式降水（插值到相应站点）；$O_{\min}$ 是溢出性雨量的极小值，为 0；$O_{\max}$ 是溢出性雨量的极大值，为 300 mm；O_{low} 是致灾性降雨的 6 h 最小阈值，为 13 mm；O_{high} 是致灾性降雨的 6 h 最大阈值，为 150 mm；β 为惩罚性系数（0～1，0.7），当预报落在致灾性降水最小和最大阈值外的时候，过小说明预报降水未达到致灾性降水等级，过大则超出 6 h 可能出现的最大降水量级，为保证计算准确率的公平，给出现这类情况的降雨预报增加惩罚系数。

该准确率公式的含义：预报与观测的距离越近说明准确率越高，反之准确率越低，如果预报在观测极值外，则认为预报准确率为 0。

图 3.1 给出了该公式的计算示意图，分别表示预报与观测的相对位置所对应的公式中的准确度计算函数。如当降水预报值位于降水最小极值和最小阈值时（图 3.1a），采用公式分段函数第一公式计算，由于此时预报的降水量级已经不在致灾性降雨量级范围内，所以需要增加惩罚性系数。

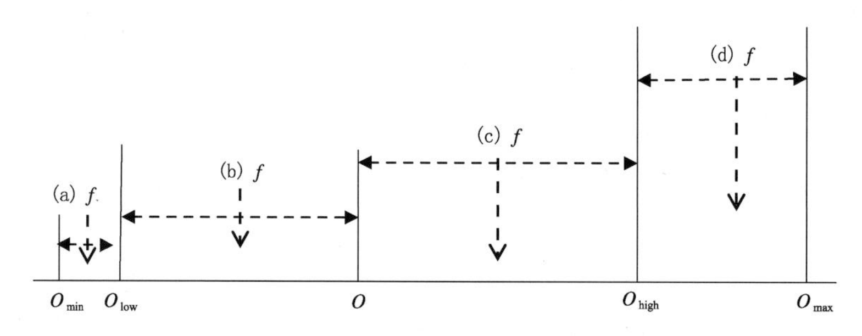

图 3.1　降水准确度计算公式示意图

（a）预报落在降水的最小极值和最小阈值之间；（b）预报落在降水的最小阈值和观测之间；（c）预报落在降水的观测和最大阈值之间；（d）预报落在降水的最大阈值和最大极值之间

（3）暴雨可预报性分析

基于上述资料和方法，可以得到 08—14 时、14—20 时、20—02 时、02—08 时降水预报准确度的空间分布情况，准确度值为 0.01～0.80，可按此将其划分为 5 个降水可预报性等级。降雨预报作为暴雨预评估工作的基础，其准确度很大程度上决定了预评估的风险程度。因此，可以通过降水可预报性等级，确定出暴雨灾害预评估风险等级，并给出评估系数（表 3.4）。为了保证在预评估工作中数据具有可比性，需将 6 h 降水预报准确度数据进行标准化（归一化）处理，使得各指标处于同一数量级，方便进行综合对比评价。

表 3.4　6 h 降水预报准确度、降水可预报性等级、暴雨灾害预评估风险等级对应情况

6 h 降水预报准确度	降水可预报性等级	暴雨灾害预评估风险等级(评估系数)
0.01～0.15	一级	五级(0.82～1.00)
0.16～0.30	二级	四级(0.63～0.81)
0.31～0.45	三级	三级(0.44～0.62)
0.46～0.60	四级	二级(0.25～0.43)
0.61～0.80	五级	一级(0.00～0.24)

3.1.2.3　试验分析

基于上述资料和方法，分别从各省区降水预报准确率统计量(均值和标准差)、空间分布及时间分布方面(图 3.2～3.5)，分析 EC 和 NCEP 模式预报特点。

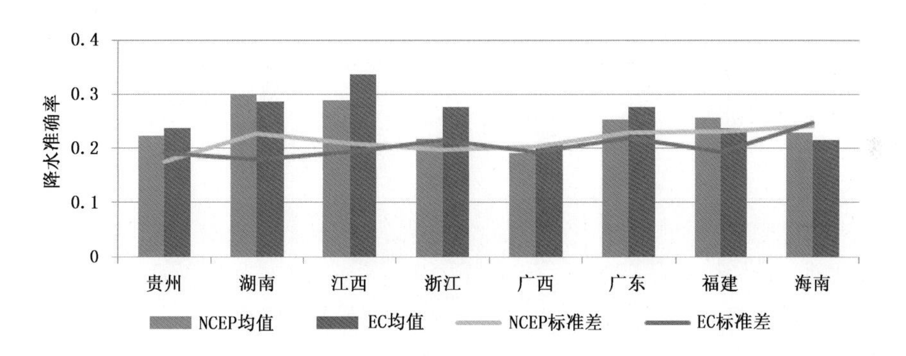

图 3.2　08—14 时 (2012—2014 年)EC 和 NCEP 降水预报准确率的平均值和标准差

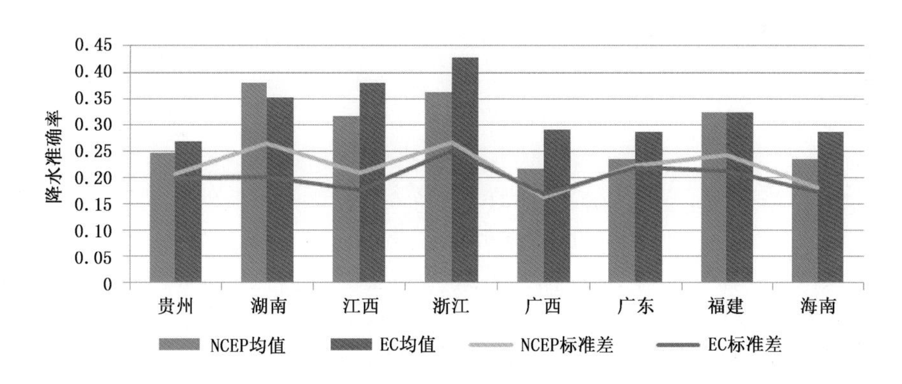

图 3.3　14—20 时(2012—2014 年)EC 和 NCEP 降水预报准确率的平均值和标准差

(1)以省级行政区划为单位分别统计四个时次(08—14 时、14—20 时、20—02 时、02—08 时)各省区降水准确率均值。空间分布方面，降水预报准确率表现出了明显的区域分布特征，从西到东逐渐增高，在贵州、湖南、江西三省的表现尤其明显。从天气学分析的角度看，也基本符合这一结果，预报难度从西向东呈现逐渐降低的趋势。随着降水预报准确率从西向东逐渐增高，预评估的风险系数或等级将从西向东逐渐降低。时次分布方面，不同时次的降水预报准确度存在明显差异。总体来看，14—20 时 EC 各省区的降水预报准确率均值为 0.25～0.45，NCEP 为 0.2～0.4，为准确率最高的时次，暴雨灾害预评估风险等级达 2～3 级，说明该时次

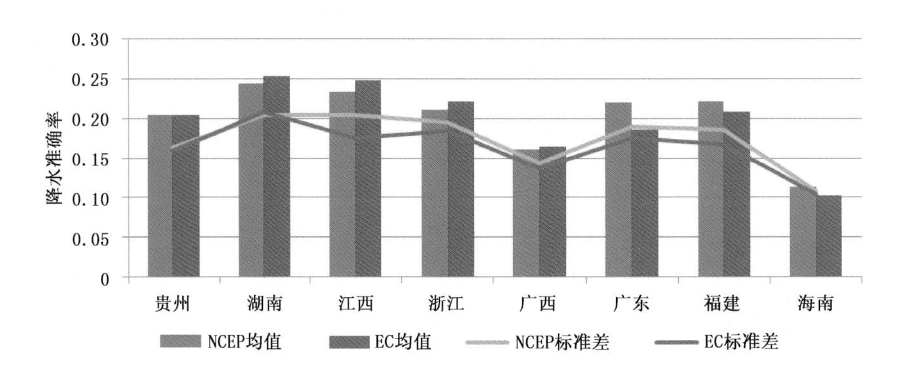

图 3.4 20—02 时（2012—2014 年）EC 和 NCEP 降水预报准确率的平均值和标准差

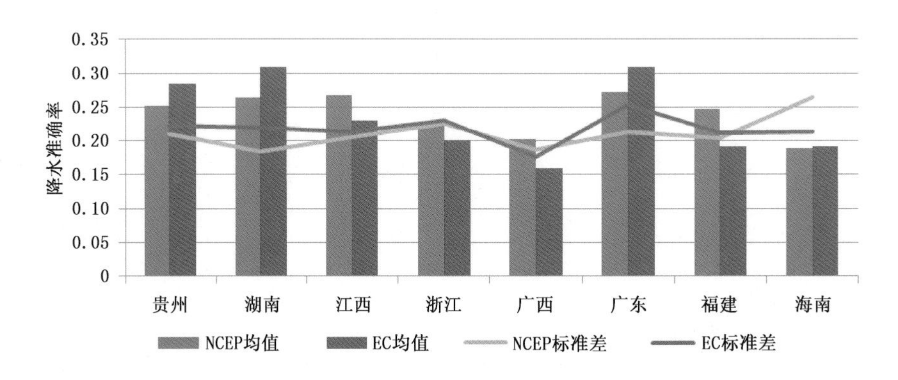

图 3.5 02—08 时（2012—2014 年）EC 和 NCEP 降水预报准确率的平均值和标准差

为暴雨灾害预评估低风险时段；20—02 时 EC、NCEP 各省区的降水预报准确率均值为 0.1～0.25，为准确率最低的时次，暴雨灾害预评估风险等级达 4～5 级，说明该时次为预评估高风险时段。逐个分析各省区 EC 和 NCEP 降水预报准确率情况，贵州、江西、浙江、广东、广西 EC 的降水预报准确率均值高于 NCEP，福建、海南反之；湖南前两个时次（08—14 时、14—20 时）NCEP 的降水预报准确率均值高于 EC，后两个时次（20—02 时、02—08 时）反之。对不同省份选择不同的模式，可有效降低预评估风险系数或等级。

（2）以省级行政区划为单位分别统计四个时次（08—14 时、14—20 时、20—02 时、02—08 时）各省区降水准确率在时间序列上的标准差，总体来说，EC 比 NCEP 要小，说明 EC 降水预报的稳定性要好于 NCEP。

（3）通过分析 EC 和 NCEP 县级 6 h 降水预报可预报性等级分布情况（图 3.6～3.9），可以看出，两家预报模式对河网密度大的平原地区（江西北部、湖南东北部）、南岭地区、高原地区（贵州）三类地形下的降水预报各有侧重。在湖南东北部、江西北部等河网密度较高、地势较低的平原地区，洪涝灾害多发，EC 的 6 h 降水预报性能相对表现较好，降水可预报性达 3～4 级，比 NCEP 高出 1～2 个等级，对应地能明显降低暴雨灾害预评估风险等级至 2～3 级。在广西东北部、湖南南部、广东北部、江西南部等地势起伏较大的南岭地区，降水易引发地质灾害，NCEP 的 6 h 降水预报性能相对表现较好，降水可预报性达 3～4 级，比 EC 高出 1～2 个等级，对应地能明显降低暴雨灾害预评估风险等级至 2～3 级。贵州地处高原地区，且多是西南涡、南支槽等天气系统发展的起始地区，预报难度较大，EC 和 NCEP 在 08—14 时的暴雨灾害预

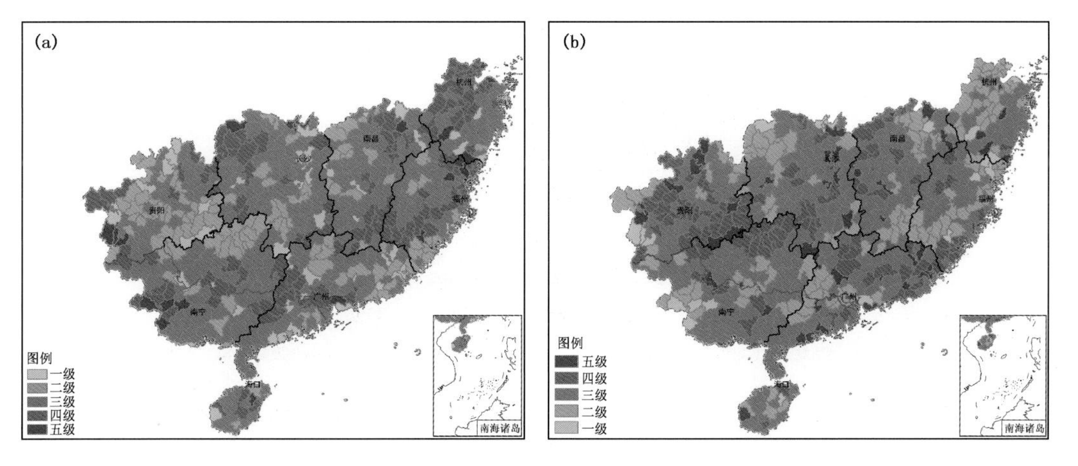

图 3.6　2012—2014 年 EC 14—20 时江南、华南 8 省区县级降水可预报性等级(a)和暴雨灾害预评估风险等级(b)分布

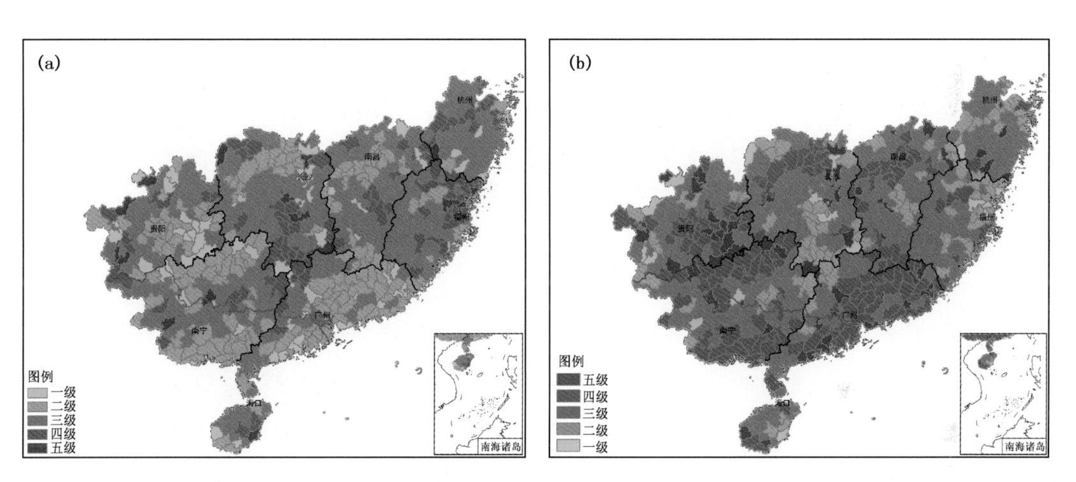

图 3.7　2012—2014 年 NCEP 14—20 时江南、华南 8 省区县级降水可预报性等级(a)和暴雨灾害预评估风险等级(b)分布

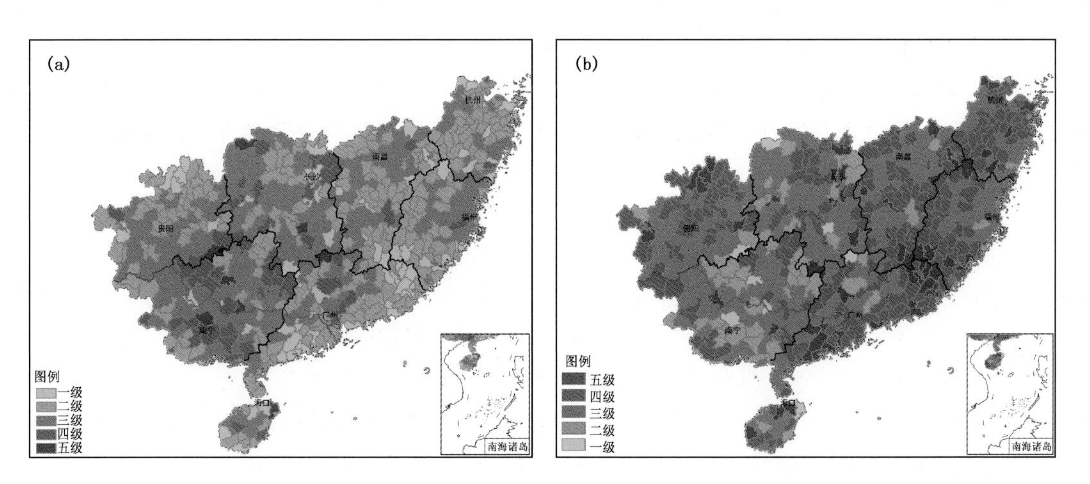

图 3.8　2012—2014 年 EC 02—08 时江南、华南 8 省区县级降水可预报性等级(a)和暴雨灾害预评估风险等级(b)分布

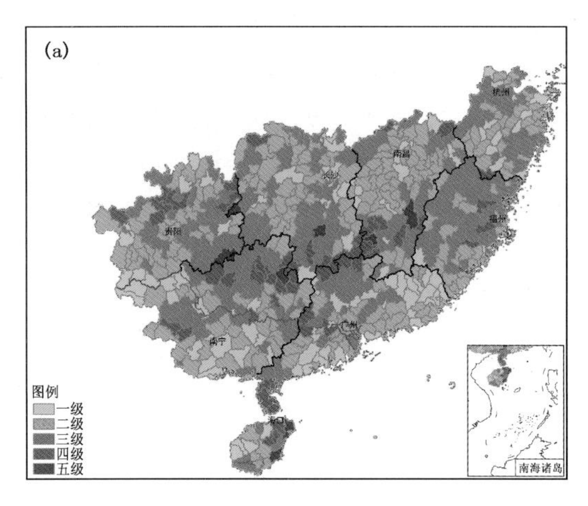

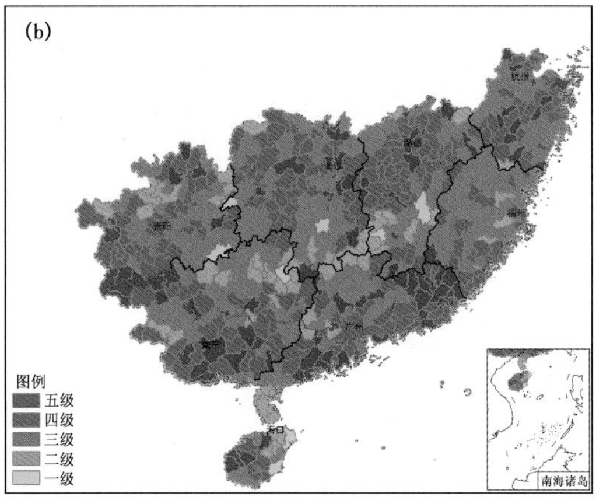

图 3.9　2012—2014 年 EC 08—14 时江南、华南 8 省区县级降水可预报性等级(a)和暴雨灾害预评估风险等级(b)分布

评估风险等级均以 4 级为主,但随着预报时效的延长,14—20 时和 02—08 时为降水可预报性较高的时次,14—20 时贵州北部和西部的暴雨灾害预评估风险等级为 2～3 级,局地达到 1 级,02—08 时贵州南部的暴雨灾害预评估风险等级为 3 级。在对应时次和区域,进行暴雨灾害预评估工作,能够将预评估风险等级降低 1～2 级。

3.1.2.4　结果与讨论

通过建立致灾性降水预报准确率评价体系,分析 EC 和 NCEP 6 h 大雨以上量级降水准确率分布特征,了解其对应的暴雨灾害预评估等级分布情况,使得在不同区域、不同地形、不同时次选择不同模式预报降水,达到降低预评估风险等级的目的,并获取对应的预评估风险系数,为防灾减灾工作提供数据支持。

(1)EC 和 NCEP 6 h 降水预报准确率存在的共性特征:①从空间分布特征看,降水预报准确率从西向东逐渐增高,预评估的风险系数或等级从西向东逐渐降低,说明江南、华南西部为预评估高风险区域;②从四个时次的 6 h 降水可预报性等级分布看,14—20 时暴雨灾害预评估风险等级总体最低,为 3 级左右,成为预评估的低风险时段;20—02 时暴雨灾害预评估风险等级总体最高,达 4～5 级,成为预评估高风险时段。

(2)通过选择 EC 的预报降低暴雨灾害预评估风险系数或等级的情况:①从行政区划分布看,贵州、江西、浙江、广东、广西选择 EC 的 6 h 降水预报能有效降低预评估风险系数或等级;②从地形分布看,河网密度大的平原地区,EC 的 6 h 降水预报可预报性等级较 NCEP 高 1～2 级,暴雨灾害预评估等级可降至 2～3 级;③从四个时次分布情况看,湖南 20—02 时、02—08 时 EC 的降水预报准确率均值高于 NCEP,可降低预评估风险系数或等级。

(3)通过选择 NCEP 的预报降低暴雨灾害预评估风险系数或等级的情况:①从行政区划分布看,海南、福建选择 NCEP 的 6 h 降水预报能有效降低预评估风险系数或等级;②从地形分布看,南岭地区 NCEP 的 6 h 降水预报可预报性等级较 EC 高 1～2 级,暴雨灾害预评估等级可降至 2～3 级;③从四个时次分布情况看,湖南 08—14 时、14—20 时 NCEP 的降水预报准确率均值高于 EC,可降低预评估风险系数或等级。

(4)贵州地处高原地区,且多是西南涡、南支槽等天气系统发展的起始地区,预报难度较大，EC 和 NCEP 在 08—14 时的暴雨灾害预评估风险等级均以 4 级为主，但随着预报时效的延长，14—20 时和 02—08 时为降水可预报性较高的时次，14—20 时贵州东北部和西部的暴雨灾害预评估风险等级为 2～3 级，局地达到 1 级，02—08 时贵州南部的暴雨灾害预评估风险等级为 3 级。

(5)从预报稳定性的角度看，EC 的预报稳定性要好于 NCEP，有利于控制预评估风险的稳定性。

3.2　沿海大风检验

3.2.1　检验结果

本部分内容采用中央气象台沿岸及近海地区 88 个代表站点(图 3.10)对数值预报模式的 10 m 风速预报产品进行检验。检验内容包括误差检验和 TS 评分检验。

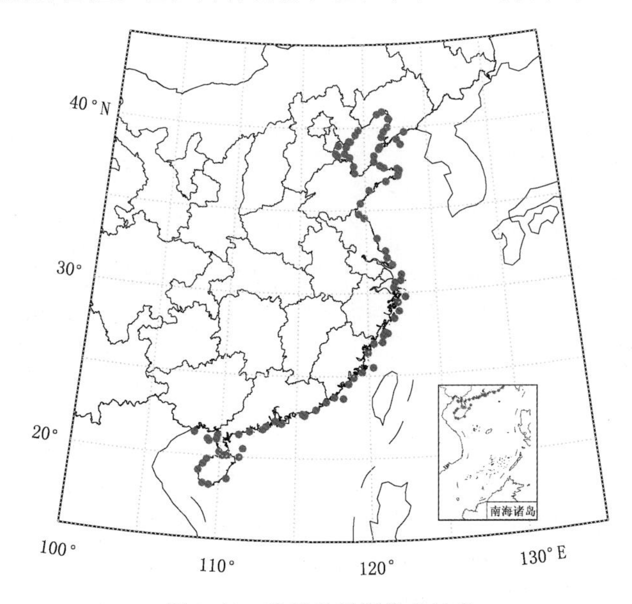

图 3.10　沿岸及近海代表站点

(1)误差检验

风速平均绝对误差的表达式为

$$|\bar{b}| = \sum_{i=1}^{n} |A_i - B_i| \Big/ n \tag{3.4}$$

风速均方根误差的表达式为

$$\sigma = \sqrt{\sum_{i=1}^{n} (A_i - B_i)^2 \Big/ n} \tag{3.5}$$

式中，A 为实况观测的风速值；B 为模式预报的风速值；n 为相应的样本量。

(2)TS 评分检验

预报评分是对某一段时间(如月、季、年度等)预报风级进行 TS 评分，检验量包括准确率、

漏报率和空报率，分数范围为 0～1.0。TS 评分的公式为

$$TS_k = \frac{NA_k}{NA_k + NB_k + NC_k} \tag{3.6}$$

式中，TS_k 为准确率；NA_k 为预报正确次数；NB_k 为空报次数；NC_k 为漏报次数。所谓正确，即实况风力和预报风力都达到某一风级；所谓漏报，即实况风力达到某一风级，预报风力未达到；所谓空报，即预报风力为某一风级，实况风力未达到。

通过对 2012 年 7 月—2013 年 6 月沿岸及近海 ECMWF 集合平均 10 m 风速预报产品进行 12～192 h 预报时效的 TS 评分(图 3.11)，检验结果可以看出，随预报时效的增加，各个量级风速 TS 评分随之降低。各个预报时效对于 7 级及以上大风的预报能力较差。通过对集合平均的平均误差检验(图 3.12)可以看出，对于 7 级及以上风速的预报，各个预报时效预报偏差均在 3 m/s 以上，并且随预报时效的增加，其偏差程度明显增大。表明数值预报模式对于 7 级及以上大风的预报明显偏弱。EC、T639、NECP、GFS 等预报业务中常用的数值模式的 10 m 风速预报产品同样表现为相似的检验结果：对 7 级及以上大风的预报明显偏弱，预报能力较差。

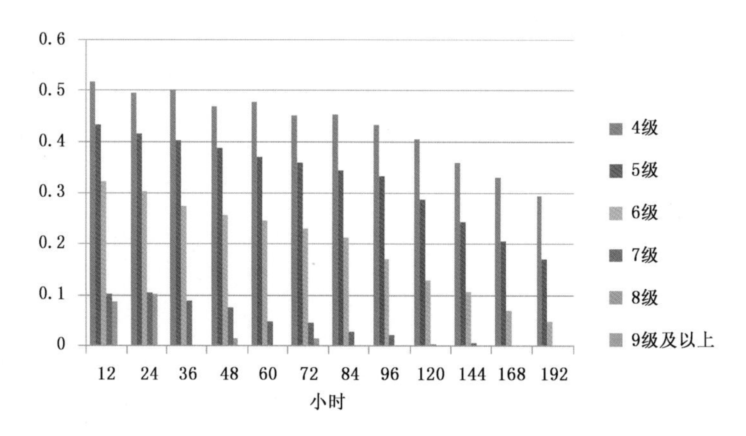

图 3.11 2012 年 7 月—2013 年 6 月沿岸及近海 ECMWF 集合平均 10 m 风速预报产品 TS 评分

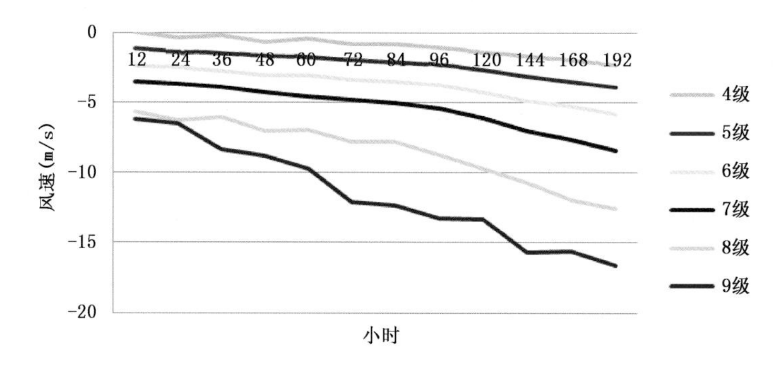

图 3.12 2012 年 7 月—2013 年 6 月沿岸及近海 ECMWF 集合平均 10 m 风速预报平均误差

3.2.2 改进意见

一方面由于模式计算精度及自身分辨率等原因的影响，数值预报模式的 10 m 风速预报产品存在着不可避免的系统性偏差；另一方面，风速的瞬时性、脉动性以及对地形的依赖和敏

感性导致数值模式的风速模拟具有很大的不确定性。因此需要对数值预报模式的10 m风速预报产品进行相应的客观订正以满足业务预报需求。通过在数值模式模拟结果的基础上，进一步采用统计方法对数值模式模拟的风速进行订正，从而提高风速预报的准确率，尤其是7级及以上大风的预报准确率。目前在数值预报模式基础上的风速订正方法有局地非参数的加权回归、MOS预报方法、风速的高斯统计预报方法、线性滚动极值处理方法、人工神经网络方法等。然而洋面观测资料稀少，上述的订正方法并无法适用于洋面风速的订正当中，因此需要建立适用于洋面的风速预报订正方法，考虑洋面下垫面相对均一，利用沿岸及近海代表站点及ECMWF集合预报数据，建立针对我国近海海域的集合预报概率风速订正方法，以提高海上大风预报准确率及服务效果。

2015年10月3日20时，22号台风中心位于(19.4°N，113.5°E)，中心附近最大风速为38 m/s。通过对比订正风场与EC确定性模式10月2日20时24 h预报风场可以看出(图3.13)，订正风场在台风中心附近的最大风速预报为32 m/s，明显大于EC确定性模式所预报的26 m/s。利用该订正方法订正后的风速与实际风速更为接近，可以有效地提高数值预报模式对于风速预报的准确率及服务效果。

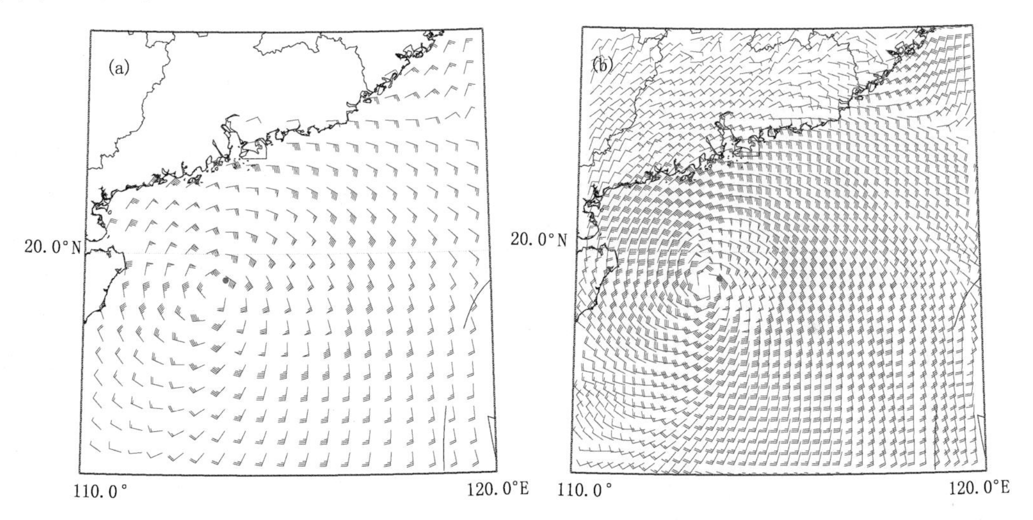

图3.13 2015年10月2日20时ECWMF集合预报订正(a)、EC确定性模式(b)24 h预报时效10 m风场
(图中红色标注为10月3日20时中央气象台台风中心位置定位)

第4章　地理信息系统的应用

4.1　地理信息在气象服务中的应用概况

4.1.1　地理信息系统发展简介

地理信息系统简称 GIS(Geographic Information System)，它是指为收集、管理、操作、分析和显示空间数据的计算机软、硬件系统。它是一个以地理坐标为基础的信息系统，具有强大的处理空间数据的能力，如地图数字化、矢量和图像的浏览查询、基于空间数据的分析、三维模拟、虚拟现实、地图输出等。

GIS 是 20 世纪 60 年代中期开始发展起来的新技术。它最初为解决地理问题而起，至今已成为一门涉及测绘学科、环境科学、计算机技术等多学科的交叉学科。1963 年，加拿大测量学家 R. F Tomlinson 首先提出了地理信息系统这一术语，并建成世界上第一个 GIS(加拿大地理信息系统 CGIS)，并用于自然资源的管理和规划。不久，美国哈佛大学提出了较完整的系统软件 SYMAP。这可算是 GIS 的起步。进入 70 年代以后，由于计算机软硬件水平的提高，促使 GIS 朝着实用方向迅速发展，一些经济发达国家先后建立了许多专业性的 GIS，在自然资源管理和规划方面发挥了重大的作用。如 1970—1976 年，美国国家地质调查局就建成 50 多个信息系统。加拿大、德国、瑞典和日本等国相继发展了自己的 GIS。80 年代后，兴起的计算机网络技术使地理信息的传输时效得到了极大的提高，它的应用从基础信息管理与规划转向更复杂的实际应用，成为辅助决策的工具，并促进了地理信息产业的形成。到 1995 年，市场上有报价的软件已达上千种，并且涌现出了一些有代表性的 GIS 软件。

我国 GIS 的发展虽然较晚，经历了四个阶段，即起步(1970—1980 年)、准备(1980—1985 年)、发展(1985—1995 年)、产业化(1996 年以后)阶段。GIS 已在许多部门和领域得到应用，并引起了政府部门的高度重视。

从应用方面看，地理信息系统已在资源开发、环境保护、气象服务、城市规划建设、土地管理、农作物调查与估产、交通、能源、通信、地图测绘、林业、房地产开发、自然灾害的监测与评估、金融、保险、石油与天然气、军事、犯罪分析、运输与导航、110 报警系统、公共汽车调度等方面得到了具体应用。国内外已有城市测绘地理信息系统或测绘数据库正在运行或建设中。一批地理信息系统软件已研制开发成功(如 GeoSTAR，CityStar，MapGIS 等)，一批高等院校已设立了一些与 GIS 有关的专业或学科，一批专门从事 GIS 产业活动的高新技术产业相继成立。此外，还成立了“中国 GIS 协会”和“中国 GPS 技术应用协会”等。我国地理信息系统方面的工作自 20 世纪 80 年代初开始，以 1980 年中国科学院遥感应用研究所成立全国第一个地理信息系统研究室为标志，在几年的起步发展阶段中，我国地理信息系统在理论探索、硬件配制、软件研制、规范制订、区域试验研究、局部系统建立、初步应用试验和技术队伍培养等方面都取得了进步，积累了经验，为在全国范围内展开地理信息系统的研究和应用奠定了基础。

地理信息系统进入发展阶段的标志是第七个五年计划开始。地理信息系统研究作为政府行为，正式列入国家科技攻关计划，开始了有计划、有组织、有目标的科学研究、应用实验和工程建设工作。许多部门同时展开了地理信息系统研究与开发工作。如全国性地理信息系统（或数据库）实体建设、区域地理信息系统研究和建设、城市地理信息系统、地理信息系统基础软件或专题应用软件的研制和地理信息系统教育培训。通过近五年的努力，在地理信息系统技术上的应用开创了新的局面，并在全国性应用、区域管理、规划和决策中取得了实际的效益。

自20世纪90年代起，地理信息系统步入快速发展阶段。执行地理信息系统和遥感联合科技攻关计划，强调地理信息系统的实用化、集成化和工程化，力图使地理信息系统从初步发展时期的研究实验、局部实用走向实用化和生产化，为国民经济重大问题提供分析和决策依据。努力实现基础环境数据库的建设，推进国产软件系统的实用化、遥感和地理信息系统技术一体化。在地理信息系统的区域工作重心上，出现了"东移"和"进城"的趋向，促进了地理信息系统在经济相对发达、技术力量比较雄厚、用户需求更为急迫的地区和城市首先实用化。这期间开展的主要研究及今后尚需进一步发展的领域有：重大自然灾害监测与评估系统的建设和应用；重点产粮区主要农作物估产；城市地理信息系统的建设与应用；建立数字化测绘技术体系；国家基础地理信息系统建设与应用；专业信息系统与数据库的建设和应用；基础通用软件的研制与建立；地理信息系统规范化与标准化；基于地理信息系统的数据产品研制与生产。同时，经营地理信息系统业务的公司逐渐增多。

总之，中国地理信息系统事业经过十年的发展，取得了重大的进展。地理信息系统的研究和应用正逐步形成行业，具备了走向产业化的条件。

地理信息系统的存在与发展已历经30余年。用户的需要、技术的进步、应用方法论的提高，以及有关组织机构的建立等因素，深深地影响着地理信息系统的发展。

4.1.2　地理信息系统在气象服务方面的发展应用

气象服务是所有气象业务产品向社会提供服务的出口，是气象工作的出发点和归宿，其中包括决策气象服务、公众气象服务、专业气象服务和科技服务。决策气象服务是指专门为党中央、国务院及同级或以上相关综合部门提供气象服务，要求服务产品具有针对性、主动性、及时性和准确性。目前，气象部门建设的决策服务系统大多基于MICAPS（气象信息综合处理系统）业务系统，但MICAPS系统是面向预报员的业务操作，其产品交互制作能力远远不能满足决策服务的需要。完善和规范决策气象服务产品，推进决策服务向直接提供决策建议转变，具有重要意义。因此，为了适应决策气象业务发展，建设新一代国家级决策气象服务系统显得尤为重要。

地理信息系统（GIS），作为一门重要的空间信息技术，在越来越多的信息系统建设中发挥了重要作用。决策气象服务系统的基石是各类海量信息，这些信息既包括空间地理信息，又包括大量与空间密不可分的气象属性信息。气象数据本质上也是地理信息，因为气象中的风速、温度、气压等都是相对于具体的空间域和时间域而言，没有地理位置的气象要素是没有任何意义的。GIS技术优势在于可以海量管理和查询气象信息，可以对地理空间数据进行分析处理，与数值模型计算相结合，还可以形象直观地可视化表达模型计算结果；GIS空间分析能力还可以与气象信息技术相结合，提供空间和动态的地理信息，并采用一定模型为决策服务提供科学依据。

随着经济社会的发展和科学技术的进步，气象服务将提供从决策、计划到执行全程的服务，服务内容更加贴近需求，服务手段更加多样化，服务覆盖面更加广泛，服务产品更加精细化和个性化。

国家气象中心近年来牵头组织实施的中国气象局重点建设项目气象服务信息系统（Meteorological Service Information System，MESIS），以期进一步全面改善服务手段，增加服务产品，提高服务质量，最终建成全程、滚动、连续、个性化、多媒体化的现代化决策气象服务业务平台，基本满足我国经济建设、社会发展和人民生活所需要的气象服务的需求，同时推动气象服务总体达到同期国际先进水平。MESIS 经过多年的建设，前后经历了多个版本，由最开始的 MESIS1.0 发展到 MESIS1.1、MESIS1.2，直至现今的 MESIS2.0，并且衍生出了多个专业应用版本，后台自动气象服务产品制作系统、交互分析系统、台风与海洋专业服务平台、农业气象服务专业平台等，逐步满足了气象服务各方面的需求。

4.1.3　气象服务地理信息数据应用简介

地理信息数据在气象服务信息系统中应用也越来越广泛，从最开始的基本区划数据的应用逐渐过渡到多类专题数据的应用，从最基本的小比例尺的数据渐渐向更精细、更准确的数据应用上过渡，下面为目前 MESIS 系统中常用的地理信息数据，其中灾害影响分析、暴雨、台风灾害评估、常规产品制作均需要这些数据基础。

4.1.3.1　行政区划

国界，2010 年全国 1∶25 万数据，由测绘局免费提供。

省界，2010 年全国 1∶25 万数据，由测绘局免费提供。

市界，2010 年全国 1∶25 万数据，由测绘局免费提供。

县界，2010 年全国 1∶25 万数据，由测绘局免费提供。

河流（1～5 级），2010 年全国 1∶25 万数据，由测绘局免费提供。

国道，2010 年全国 1∶25 万数据，由测绘局免费提供。

高速，2010 年全国 1∶25 万数据，由测绘局免费提供。

省道，2010 年全国 1∶25 万数据，由测绘局免费提供。

铁路，2010 年全国 1∶25 万数据，由测绘局免费提供。

省会，2010 年全国 1∶25 万数据，由测绘局免费提供。

市（点），2010 年全国 1∶25 万数据，由测绘局免费提供。

县（点），2010 年全国 1∶25 万数据，由测绘局免费提供。

乡镇（点），2010 年全国 1∶25 万数据，由测绘局免费提供。

海洋，2008 年全世界 1∶4000 万数据，互联网免费下载。

流域边界，2008 年全国 1∶100 万数据。

区域气象中心边界，2008 年全国 1∶100 万数据。

4.1.3.2　专题数据

农业用地，10 km 分辨率，2010 年全国 1∶25 万数据，由测绘局免费提供。

农业人口密度,10 km 分辨率,2010 年全国 1∶25 万数据,由测绘局免费提供。

城市用地,10 km 分辨率,2010 年全国 1∶25 万数据,由测绘局免费提供。

城市人口密度,10 km 分辨率,2010 年全国 1∶25 万数据,由测绘局免费提供。

孕灾环境综合等级,10 km 分辨率,2010 年全国 1∶25 万数据,由预报系统开放实验室和气象服务室计算得出。

分县统计年鉴,1∶25 万,2010 年统计信息网免费下载。

中国 DEM,10 km 分辨率,2010 年全国 1∶25 万数据,由测绘局免费提供。

中国 DEM 等级,10 km 分辨率,2010 年全国 1∶25 万数据,由测绘局免费提供。

中国高程标准差,10 km 分辨率,2010 年全国 1∶25 万数据,由测绘局免费提供。

中国高程标准差等级,10 km 分辨率,2010 年全国 1∶25 万数据,由测绘局免费提供。

中国土地利用类型,10 km 分辨率,2010 年全国 1∶25 万数据,由测绘局免费提供。

中国河网密度等级,10 km 分辨率,2010 年全国 1∶25 万数据,由测绘局免费提供。

中国河网密度,10 km 分辨率,2010 年全国 1∶25 万数据,由测绘局免费提供。

中国土壤类型,10 km 分辨率,2010 年全国 1∶25 万数据,由测绘局免费提供。

中国土壤类型等级,10 km 分辨率,2010 年全国 1∶25 万数据,由测绘局免费提供。

孕灾环境综合指数,10 km 分辨率,2010 年全国 1∶25 万数据,由预报系统开放实验室和气象服务室计算得出。

4.2 地理信息系统应用分析——以在水文气象领域应用为例

4.2.1 地理信息系统技术在水文气象应用进展

数字高程模型(Digital Elevation Model,DEM)是指利用有限的地形高程数据实现对地形曲面的数字化模拟,也可以说是地形表面形态的数字化表示。DEM 的提出是为了用摄影测量或其他的一些技术手段获得地形数据,在满足一定精度的条件下,用数字离散的形式在计算机中汇总,并采用数字计算的方式进行各种分析。DEM 作为地理信息系统(GIS)的基础数据,已经在水利、测绘、土木工程、地质与建筑等许多领域得到广泛应用。

DEM 常用的数据类型有三种:矢量型、栅格型(Grid)和不规则三角网(TIN)。

(1)矢量型数据多以地形等高线为主,一般具有较高的精度。但这种类型数据比较复杂,许多操作如果用矢量数据结构是难以实现的。

(2)栅格型 DEM 数据具有"属性明显、位置隐含"的特点,易于实现,存储方便且操作简单。目前的分布式水文模型和流域数字化技术中用得较多的便是栅格型 DEM。在对栅格数据结构的应用过程中,需要根据实际应用选取恰当的精度来平衡栅格数据的表达精度与工作效率两者之间的关系。

(3)不规则三角网类型数据能较好地拟合曲面,插值精度较高,但存储和操作数据不便。在实际应用中,这三种类型数据之间可以根据不同的需要相互转换。

DEM 反映了研究流域地面高程的分布情况,是水文气象业务和科研重要基础数据之一。DEM 为水文气象中面雨量估测预报、水文模型特别是分布式水文模型的建立和运行提供了很好的平台和信息来源,并且在实际应用中取得了很好的效果,有着很高的实用价值。在水文气象预报服务中，国外从 20 世纪 70 年代开始研究如何利用 DEM 来提取地貌特征，在 20 世纪八九十年代取得了飞速地发展。国内对于基于 DEM 的流域提取技术研究开始于 20 世纪 90 年代，并且重点是对国外软件的应用以及对国外研究方法的总结。

4.2.2　地理信息系统技术在数字流域提取技术

为了研究和掌握水文气象预报或者水文学本身的机理，学者们往往需要对流域进行数字化，以获得流域面积、水系、形状以及其他的一些地貌特征。对于水文气象预报而言，流域的地貌特征起着十分重要的作用，是模型必须要考虑的因子。随着 GIS 的应用与计算机能力的提高，利用 DEM 数字化流域和提取流域地貌特征的技术已得到了广泛地研究，DEM 在水文气象预报服务中的应用也日益广泛和深入。随着网络的普及，当研究流域没有现成的地形图和立体图像时，不同精度的 DEM 数据在一定程度上也促进了流域数字化技术的发展。

由于流域信息种类很多、数据量大，利用现代测量技术和相关方法进行流域地貌特征自动提取具有十分重要的意义。在实际应用中，时常需要借助一些 GIS 软件来提取流域河网水系、坡度、坡向等地貌特征，在此基础上构建水文气象预报模型或者水文水动力学模型从而进行模拟计算。

4.2.2.1　流域数字化

目前可以获取的 DEM 数据一般都为方形矩阵的形式，利用 DEM 提取流域的基本水文特征信息，首先是要对原始 DEM 矩阵进行预处理以消除洼地，然后再根据最陡坡度原则确定每个栅格点的水流方向，由此得出每个栅格点的上游集水区，在此基础上，再依据给定生成河网水系的阈值确定属于水系的栅格点，接着按照水流方向矩阵由水系的源头开始搜索出整个水系并进行自然子流域的划分，最后确定出研究流域的边界。在流域边界确定后，可以提取研究流域的一些地貌特征，水文模型常用的地貌特征包括：研究流域内部栅格单元的坡度坡向、流径长度、流域平均坡度、平均河道坡度与地形指数等(图 4.1)。

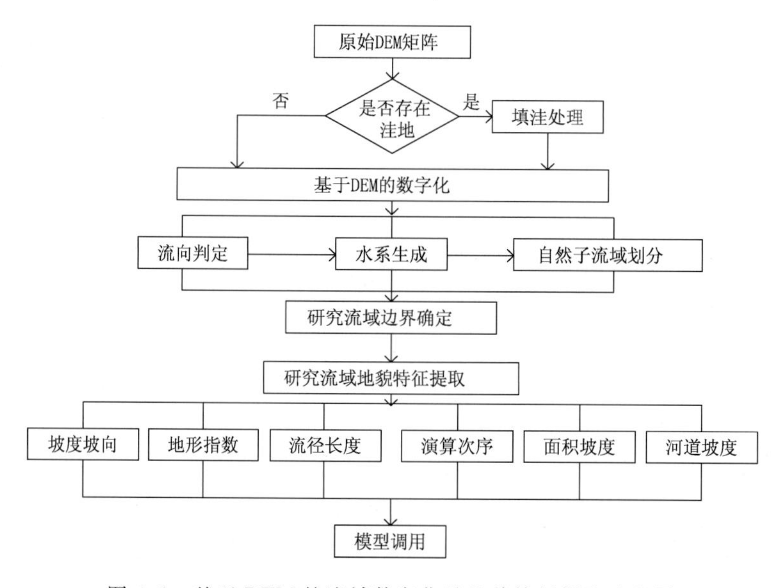

图 4.1　基于 DEM 的流域数字化及地貌特征提取流程图

（1）DEM 预处理

在原始 DEM 矩阵中，平坦区域和洼地的存在是一种普遍现象。在水流方向计算时，平坦区域和洼地的存在会造成有些水不能流出洼地边界，从而提取的水系具有很大的误差或不能计算出合理的结果。为了使提取的水系在流经平坦区域和洼地部位时，有一个明确的水流方向，需要在提取水系之前对 DEM 中的平地和洼地部位的高程数据进行处理，以便使它们成为斜坡的延伸部分，经过处理之后，DEM 数据中所有的地形都由斜坡构成。这样才能够保证从 DEM 数据中提取的自然水系是连续的。这种将 DEM 中的平坦区域和洼地改造成斜坡的处理过程称为 DEM 预处理。这里采用的方法是 Jenson 与 Domingue 提出的 DEM 预处理方法，其基本思路就是假设所有的洼地都是由高程计算值偏小带来的，都是属于伪地形，处理方法包括洼地填平处理与平地增高处理两个部分。

①洼地填平处理

步骤 1：在原始 DEM 矩阵中逐个判断栅格单元，若与其相邻的 8 个栅格高程都不低于该栅格的高程，则认为是洼地栅格。

步骤 2：建立以洼地栅格为中心的 5×5 窗口，首先标定与其相邻的 8 个单元。

步骤 3：扫描窗口内的所有栅格，如果沿着陡坡或平地能够流入洼地栅格，则对其进行标定，否则不标定。

步骤 4：原始 DEM 矩阵中已被标定的栅格组成洼地集水区。判断洼地集水区中是否具有潜在的出流点，该出流点应该是已被标定的栅格，并且在它相邻单元内至少能找到一个比它高程低的未标定的栅格。如果不存在潜在出流点，或者存在任何洼地集水区的边界栅格，其高程低于最低的潜在出流点，那么表明标定还没结束，需扩大窗口，重复步骤 3。

步骤 5：确定出最低的潜在出流点后，比较它和已标定洼地栅格的高程。若出流点高程高，那么认为该洼地是一个凹地，否则是一个平地。对于凹地而言，用出流点的高程填平洼地集水区内所有低于该高程的栅格。这样凹地就成了平地，并标定平地内所有栅格。

②平地增高处理

该处理主要是人为对平地栅格增加一定的高程值以便使平地变为斜坡，能够使水流顺利地流出。其基本步骤如下：

步骤 1：确定平地区域边界上不需要附加高程增量的栅格点，并去掉标定。这样的栅格点满足以下条件：带有平地标记；与其相邻的栅格点中，存在不带平地标记的栅格点，且它的高程较平地栅格点高程要低。

步骤 2：重新扫描平地区域内的所有栅格，将带有平地标记的栅格单元叠加一个很小的高程增量（一般可选取 DEM 数据垂直分辨率的十分之一）。反复进行步骤 1 和步骤 2，直至所有平地标记都被去掉（图 4.2a～b，算例中高程增量为 0.01 m）。

（2）水流方向确定

DEM 栅格单元流向的确定方法是流域数字化的基础，在目前的研究中，流向确定大多是建立在 3×3 的窗口上，虽然进行流向判断的方法有单流向法和多流向法之分，但单流向法因其确定简单、应用方便而被广泛采用，而且单流向法也能满足水文模型的精度需求。本书在确定栅格单元水流方向时所采用的是单流向 D8 法：假设每个栅格单元的水流只有 8 种可能的流向，即只流入与之相邻的 8 个栅格其中的一个。用最陡坡度法来确定水流的方向，即在 3×3 的窗口上（图 4.3，出口点的流向标记为 8），计算中心栅格与各相邻栅格间的距离权落差（即两个栅格中心点的高程落差除以栅格中心点之间的距离，式(4.1)，取距离权落差最大的栅格点为中心栅格的出流方向，该方向即为中心栅格的流向，在流向矩阵中八个方向用不同的数字表示(图 4.3c)。

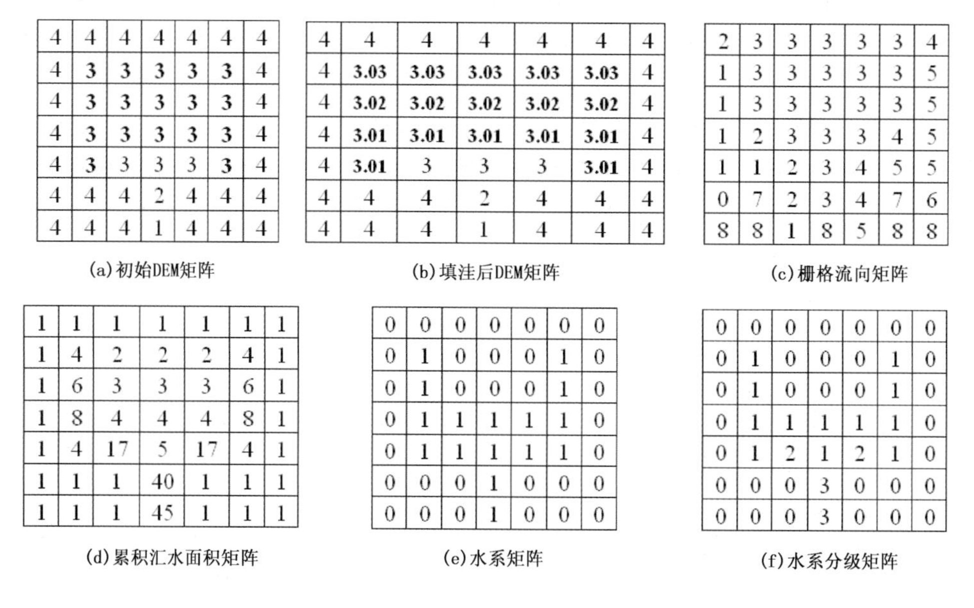

4	4	4	4	4	4	4
4	3	3	3	3	3	4
4	3	3	3	3	3	4
4	3	3	3	3	3	4
4	3	3	3	3	3	4
4	4	4	2	4	4	4
4	4	4	1	4	4	4

(a)初始DEM矩阵

4	4	4	4	4	4	4
4	3.03	3.03	3.03	3.03	3.03	4
4	3.02	3.02	3.02	3.02	3.02	4
4	3.01	3.01	3.01	3.01	3.01	4
4	3.01	3	3	3	3.01	4
4	4	4	2	4	4	4
4	4	4	1	4	4	4

(b)填洼后DEM矩阵

2	3	3	3	3	3	4
1	3	3	3	3	3	5
1	3	3	3	3	3	5
1	2	3	3	3	4	5
1	1	2	3	4	5	5
0	7	2	3	4	7	6
8	8	1	8	5	8	8

(c)栅格流向矩阵

1	1	1	1	1	1	1
1	4	2	2	2	4	1
1	6	3	3	3	6	1
1	8	4	4	4	8	1
1	4	17	5	17	4	1
1	1	1	40	1	1	1
1	1	1	45	1	1	1

(d)累积汇水面积矩阵

0	0	0	0	0	0	0
0	1	0	0	0	1	0
0	1	0	0	0	1	0
0	1	1	1	1	1	0
0	1	1	1	1	1	0
0	0	0	1	0	0	0
0	0	0	1	0	0	0

(e)水系矩阵

0	0	0	0	0	0	0
0	1	0	0	0	1	0
0	1	0	0	0	1	0
0	1	1	1	1	1	0
0	1	2	1	2	1	0
0	0	0	3	0	0	0
0	0	0	3	0	0	0

(f)水系分级矩阵

图 4.2　DEM 矩阵与相关计算结果示意图

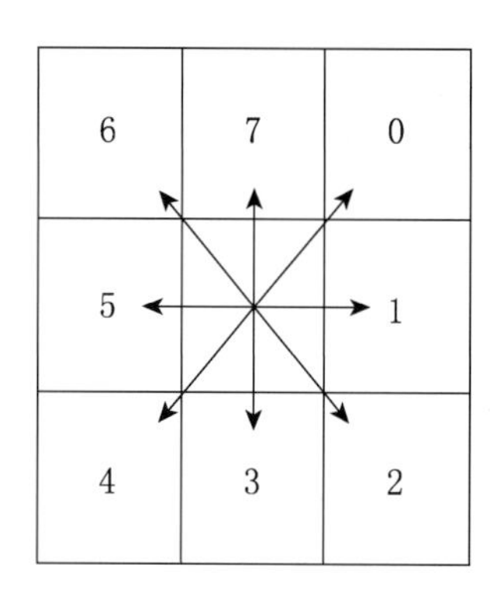

图 4.3　栅格流向代码

$$\tan\theta = \frac{Z_i - Z_j}{\alpha \cdot D} \tag{4.1}$$

式中，$\tan\theta$ 为栅格间的距离权落差；Z_i 为需确定流向的栅格单元高程；Z_j 为与之相邻的栅格单元高程；α 为距离权重，对角线栅格取 $\sqrt{2}$ ，其他正向栅格取 1；D 为栅格单元的边长。

(3)水系生成与分级

在生成水系之前，需建立累积汇水面积矩阵，矩阵中每个值代表上游汇流区内流入当前栅格的栅格总数。即将每个栅格单元沿流向逐个累加，计算出任一栅格的上游汇水面积，以栅格数目表示(图 4.2d)。当集水面积达到某一阈值时，才能形成河网，在河道栅格矩阵中，根据给定的阈值，不低于此阈值的栅格标记为 1，否则标记为 0。标记为 1 的河道栅格点即构成河网水系(图4.2e,河道栅格矩阵中阈值为4)。

水系的分级是建立在流向矩阵与河道栅格矩阵之上,这里根据Strahler的水系分级系统对河流进行分级,即把最细的、位于顶端的且不再有分支的细沟称为第一级河流,由两个或两个以上的第一级河流组成第二级河流,如果由两个或两个以上不同级的河流汇成,其级别取其最高级的支流,依此类推。该算法首先创立一个初始化为0的河流分级矩阵,用于存放各栅格的Strahler等级。然后依次扫描流向矩阵,如果扫描到不从相邻的河道栅格接收水流的单元即认为是1级河流的上游端点。从该端点出发,沿着水流方向进行追踪,直到遇到河流交点。该交点是指从不止一个相邻的河道栅格点接收水流的栅格。在该河流上的所有栅格等级均赋为1。一旦1级河流追踪完毕,就开始追踪下一级河流。当遇到一个河道栅格的等级为当前追踪等级,且流向自己的相邻河道栅格均已赋予一个较低的等级时,则认为该栅格是当前追踪等级的河流上游端点。从该上游端点出发,沿着水流方向进行追踪,将追踪路线上的栅格等级赋为当前追踪等级。在遇到交点时要进行判断。若交点的等级高于当前追踪等级,则当前追踪停止,而不改变交点等级。若流向交点的相邻河道栅格点没有全部赋予等级,当前追踪停止,否则交点的等级为当前追踪等级,继续沿流向追踪。一旦当前等级的河流全部追踪完毕,就可以开始追踪下一等级的河流。重复以上过程,直到没有更高等级的河流为止(图4.2f)。

(4)自然子流域划分

在提取子流域之前,需先给定一个自然子流域累积汇水面积阈值(以栅格数目表示)以及一个初值为0的子流域号矩阵。然后划分1号子流域:根据前面生成的累积汇水面积矩阵,搜索出具有最大汇水面积的栅格;从该栅格出发,搜索流经该点的邻近河道栅格,分别判断这些河道栅格点是否为河流交点,如果不是,则该点赋值为当前划分的流域号,如果是交点,再判断流经该点的邻近河道栅格的汇水面积值是否大于给定的阈值,如果其中任意一个大于阈值,则停止该条流径的追踪,否则按照上面的方法继续追踪下去,直到属于当前子流域的栅格全部被赋值为止;增加子流域号,根据累积汇水面积矩阵,找出没有被标记流域号的且具有最大汇水面积的栅格,按照前面的方法继续赋值,直到矩阵内没有子流域可以追踪为止。

4.2.2.2　流域边界确定

上面所描述的数字化过程是针对原始DEM方形矩阵而言,而研究人员所关心的往往只是自己研究流域的相关信息,另一方面,流域的形状和面积对产流量大小及其时空分布都有着非常大的影响,因此,如何精确、便捷地确定流域边界也就成了提取研究流域地貌特征以及展开流域上降雨—径流模拟的关键。对于分布式水文模型应用而言,如果流域出口点位置定位不准确,会不利于模拟精度的提高,也不能真正掌握研究流域的降雨—径流响应。尤其对于嵌套流域而言,流域内部含有大量的水文站,要想获得每一个水文站点所对应流域的出流过程,必须要对其真正出口点精确定位,否则所获得的出流过程差别会非常大,因为即使是位置再近的几个点,所对应的流域面积和形状也可能大不一样。如图4.4所示,A、B、C三个出口点虽然距离相差不远,但所对应的流域面积与形状却有着很大的差别。

流域的出口点应该是位于所对应流域内河道栅格上高程最低的点,对于嵌套流域而言,一个河道栅格上只能有一个流域出口点。在对流域数字化过程中,如果不考虑人为定点之外,确定流域出口点的最主要依据是站点的经纬度坐标,而站点坐标所对应的栅格单元往往不是所需要的流域出口点。图4.5描述了四种常见的站点与出口点之间的位置关系,其他情况基本与之类似:①站点虽位于河道栅格上,但真实的流域出口位于其下游(或者上游),在无支流的

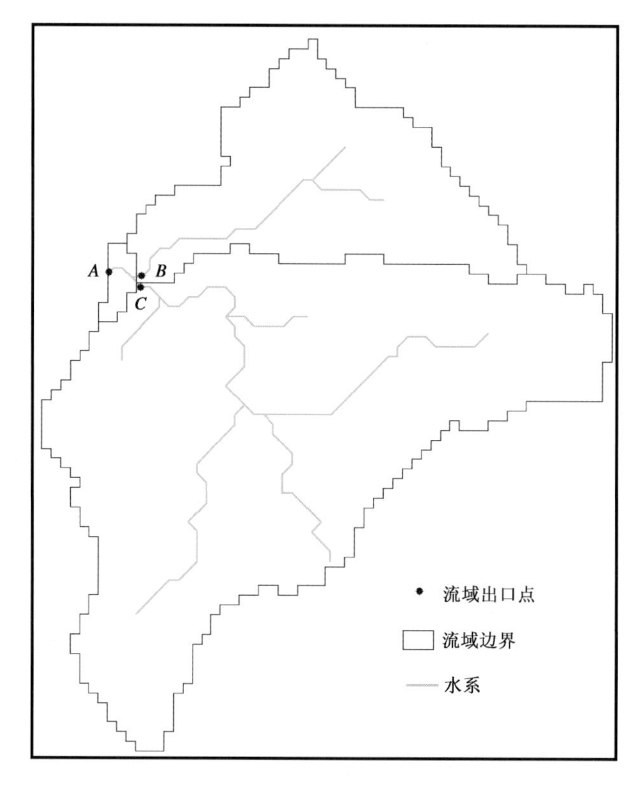

图 4.4　不同出口点对应的流域示意图

情况下这样的站点位置对流域边界确定影响不大；②站点位于不同河流的河道栅格上，对边界影响较大，尤其是当流域出口点位于多条河流的交汇处；③站点不位于河道栅格上，确定出的流域一般会很小；④站点不位于河道栅格上，在站点栅格上的水流流向出口点时先经过了不同河流的河道栅格上，而这个河道栅格不能作为流域出口点。造成站点坐标定位不准的主要原因有两种：一是站点坐标本身的误差，尤其对于利用扫描的地图而不是通过 GPS 定位确定坐标位置而言；二是 DEM 没能真实地反映地形或者是基于 DEM 的河网水系，算法不够完美。

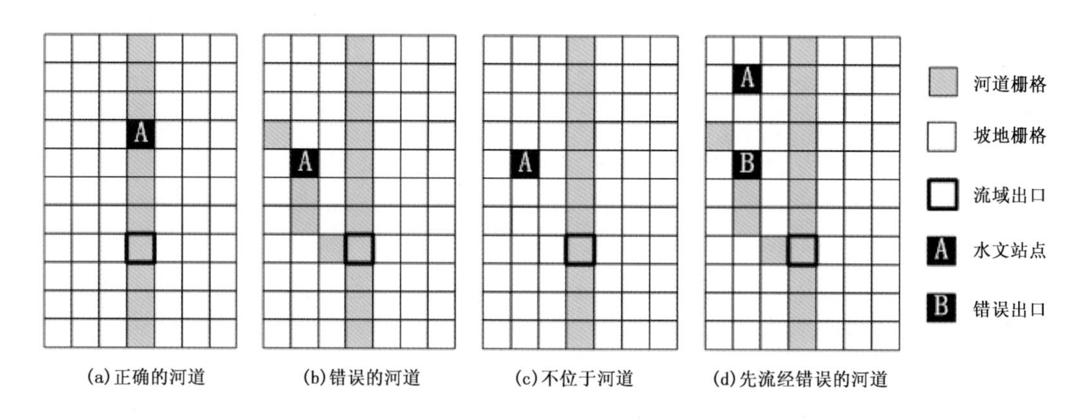

图 4.5　水文站点定位流域出口的常见错误

这里使用的方法适用于单个出口点的流域边界确定，也适用于多个出口点的流域边界确定，如含有多个水文站点的嵌套流域。在确定流域出口点之前，需要给定各个水文站点经纬度坐标。若已知水文站点对应流域的面积，还需要给定面积大小（km^2）与数字化流域的面积许可误差（%）。由于 DEM 分辨率会对数字化流域的面积有影响，所以当 DEM 分辨率较低时，对于面积较小的流域而言，给定的许可误差不宜过小。即制定一个面积目标函数，沿水流方向搜索满足许可误差的流域边界。

4.2.2.3　流域地貌特征提取

(1)栅格单元坡度与坡向

坡度和坡向是两个最常用的基本地形因子，是描述地貌特征信息的两个重要指标，不但可以间接地反映地形的结构和起伏形态，而且是水文模型、土壤侵蚀、土地利用规划等地貌学分析模型的基础数据。地表上任一点的坡度 S 和坡向 A 是地形曲面 $z=f(x,y)$ 在东西（Y 轴）、南北（X 轴）方向上高程变化率的函数，即

$$S=\arctan\sqrt{f_x^2+f_y^2} \tag{4.2}$$

$$A=270°+\arctan(f_y/f_x)-90°f_x/|f_x| \tag{4.3}$$

式中，f_x 为南北方向上高程的变化率；f_y 为东西方向上高程的变化率。

求解流域某点的坡度和坡向，主要就是求解 f_x 和 f_y。基于 DEM 的栅格单元坡度坡向的提取还是要建立在 3×3 的窗口上，通过数值微分或局部曲面拟合的方法进行。本研究所采用的方法是三阶反距离平方权差分法，以图 4.3 为例，令 z 为窗口内栅格点的高程，则有

$$f_x=[z_6-z_4+2(z_7-z_3)+z_0-z_2]/(8d) \tag{4.4}$$

$$f_y=[z_2-z_4+2(z_1-z_5)+z_0-z_6]/(8d) \tag{4.5}$$

式中，d 为 DEM 栅格单元的边长。

求出每一个栅格单元对应的 f_x 和 f_y，也就可以计算出每个栅格单元的坡度和坡向。

(2)地形指数

地形指数 $\ln(a/\tan\beta)$ 自提出以来，在水文模拟中已得到了广泛的应用，并作为一些物理性水文模型的重要参数。地形指数中的 a 为单宽集水面积，反映了径流在流域中的累积趋势，$\tan\beta$ 为局部地表坡度。对于地形指数的计算，无论何种方法都是先分别计算 a 与 $\tan\beta$ 值。而 a 值的获得首先要判断流向，计算出某点以上集水面积 A 和该流向垂直等高线宽度 L，然后有 $a=A/L$。$\tan\beta$ 也需要根据流向进行计算，这里采用 Quinn 等（1991）提出的多流向计算地形指数的方法。

(3)流域平均坡度与河道平均坡度

①流域平均坡度

流域的平均坡度，又称面积坡度，它对地表径流产生、下渗、土壤水、地下水及土壤流失、河流含沙量等均有很大影响。根据研究流域的 DEM 可获得每两条等高线间的面积 f_i 和各条等高线的长度 L_i。先计算两条等高线之间的坡度为

$$J_1=\Delta H/b \tag{4.6}$$

式中，ΔH 为等高距；b 为两条等高线间的水平距离，即 $b=2f_1/(L_0+L_1)$。

在此基础上可获得任意两条等高线之间的坡度，假设共有 n 条等高线，则有

$$J_1=\Delta H(L_0+L_1)/(2f_1) \tag{4.7}$$

$$J_2 = \Delta H(L_1 + L_2)/(2f_2) \tag{4.8}$$

$$J_n = \Delta H(L_{n-1} + L_n)/(2f_n) \tag{4.9}$$

则流域的平均坡度 $\overline{S_A}$ 为

$$\overline{S_A} = \frac{J_1 f_1 + J_2 f_2 + \cdots + J_n f_n}{f_1 + f_2 + \cdots + f_n} = \frac{\Delta H(0.5L_0 + L_1 + L_2 + \cdots + 0.5L_n)}{F} \tag{4.10}$$

式中，F 为研究流域面积。

②河道平均坡度

河道平均坡度影响着流速，因而必然对径流过程线形状起作用。典型的河道纵断面是凹向上的。此外，除了极小流域外一般流域都包括有好几条河道，各有其本身的纵断面。因此，流域河槽比降的定义很不容易作出。通常，只考虑干流来描述流域的河槽比降。其方法是：以研究流域 DEM 和流径长度矩阵为基础，根据不同的等高线分类，依次量出河道长度和对应的高度，以高度为纵坐标，以河长为横坐标，连接各点即得到河道纵断面图（图 4.6）。从纵断面的最低点 B 作一直线 AB，使得 ΔABO 的面积恰等于纵断面与坐标轴所包围的面积，则 AO 即为平均高差 ΔH，令干流长度为 L，故河槽的平均比降 $\overline{S_C}$ 为

$$\overline{S_C} = \frac{H_1 L_1 + (H_1 + H_2)L_2 + (H_2 + H_3)L_3 + \cdots + (H_{n-1} + H_n)L_n}{L^2} \tag{4.11}$$

式中，H_1、H_2、…、H_n 分别为各特征点的高度（m）；L_1、L_2、…、L_n 分别为相邻特征点间的距离（km）。

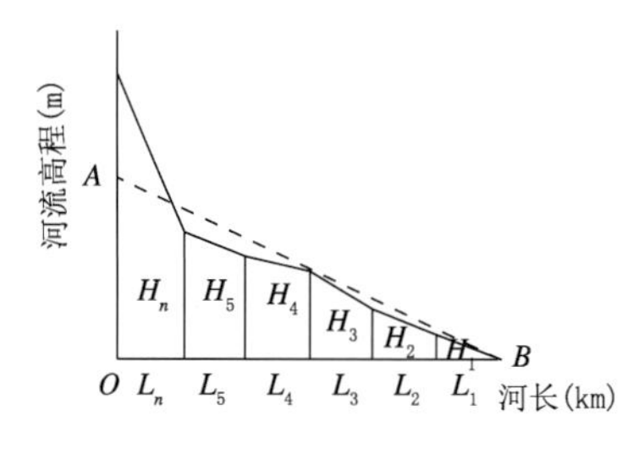

图 4.6　河道纵断面示意图

4.2.3　不同分辨率地理信息在流域面雨量预报中的应用分析

流域面雨量是各级政府和有关部门组织防汛抗洪以及水库调度等决策的重要依据，又是洪水预报非常重要的参数，面雨量的计算精度是提高水文气象预报服务水平的基础，是气象为防汛抗旱服务的重要核心产品之一。国家级面雨量预报业务自 2002 年开展以来，经历了长足的发展。流域面雨量是单位面积上的降水量，它是水文预报模型的最重要输入因子，也是各级政府和有关部门组织防洪抗旱以及山洪地质灾害预警防治等决策的重要依据。然而，由于流域面雨量的分析估测与预报是一项涉及多学科且技术难度较大的技术，其精确性很大程度上取决于流域边界水系和流域空间降水分布特征的准确性。

DEM 能够反映流域地面高程的分布情况。随着近 30 年的地理信息系统技术以及与水文学科融合的快速发展，为通过地理信息系统技术直接提取准确的流域边界水系提供技术支撑，以改变传统手工制作方式。但在实际应用过程中，常常出现由于 DEM 分辨率的不同导致提取得到的流域边界水系也存在一定的差异，从而导致以此为基础制作的流域面雨量结果不同。

以下采用淮河上游王家坝水文站以上流域为例。

淮河流域发源于河南省桐柏山，在江苏省境内三江营注入长江，干流全长约 1000 km。淮河流域分上、中、下游，洪河口以上为上游，落差大，水流急，王家坝站是淮河上游总控制站。洪河口至三河闸为中游，河道坡降平缓，沿干流两侧多湖泊洼地，淮河中游洪水在此蓄滞回旋。三河闸以下为下游。王家坝以上为淮河上游，王家坝站是上游的总控制站，集水面积为 30672 km^2。在上游区还可以进一步划分出息县、潢川和班台共 3 个子流域。

这里基于 3″DEM 数据生成(http://www.csdb.cn/)淮河王家坝以上流域的流域边界与主要水系(图 4.7)。计算出王家坝以上流域的集水面积为 3.07×10^4 km^2，息县、潢川和班台的集水面积分别为 1.02×10^4 km^2、2.05×10^3 km^2 和 1.13×10^4 km^2。

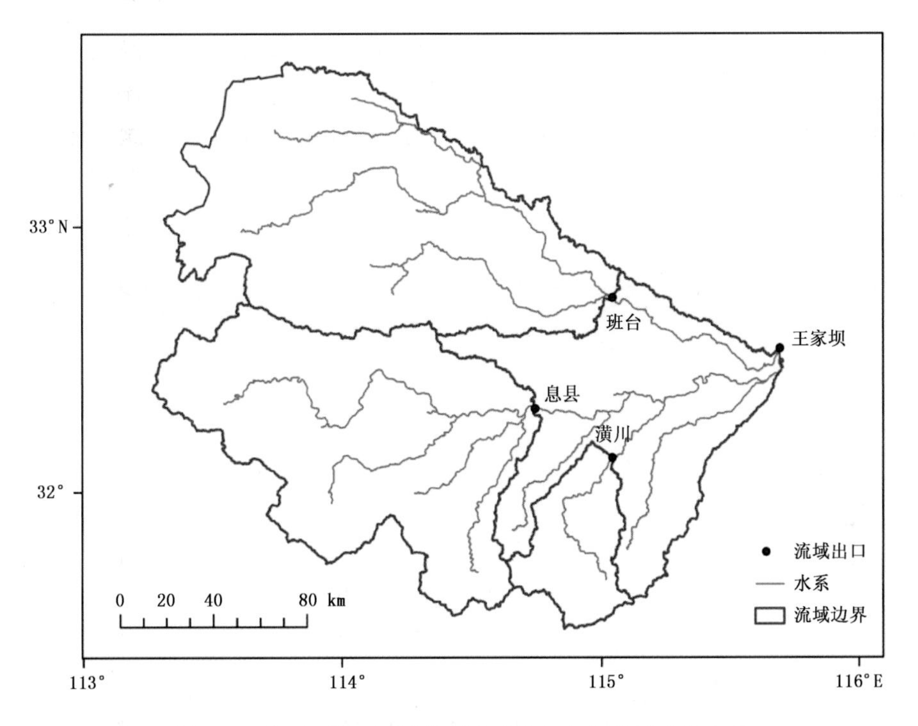

图 4.7 基于 3″的 DEM 数据生成淮河上游流域边界水系

根据 Wu 等(2011)提出的方法，分别使用 0.5°、0.25°、0.125°和 0.0625°网格分辨率的 DEM，根据本节第一部分方法提取淮河上游流域边界与水系。

图 4.8 显示了基于 0.5°、0.25°、0.125° 和 0.0625° 分辨率提取的流域边界及水系。从图中可以看出，随着 DEM 分辨率逐渐增大，流域水系汇水网络更准确地代表实际河网分布，特别是对于面积较小的流域如潢川流域。当设置了流域出口网格，便可以根据汇流网络得到流域汇水面积。表 4.1 统计了不同网格分辨率下各流域的汇水面积及其与 90 m 的 DEM 所得的流域面积的相对误差。总的来说，息县流域 0.5°汇水面积比其他 3 种分辨率的汇水面积小，潢川流域 0.5° 汇水面积比其他 3 种分辨率的汇水面积大，班台流域 0.5°和 0.25°汇水面积与另外 2 种分辨率下的汇水面积有较大差别，因为班台流域有很多水利工程影响，如宿鸭湖水库和五沟营水库等。整个王家坝流域 0.5°汇水面积比其他 3 种分辨率的汇水面积略小。不同的网格分辨率会带来汇水面积的变化，主要与局部地形情况有关。

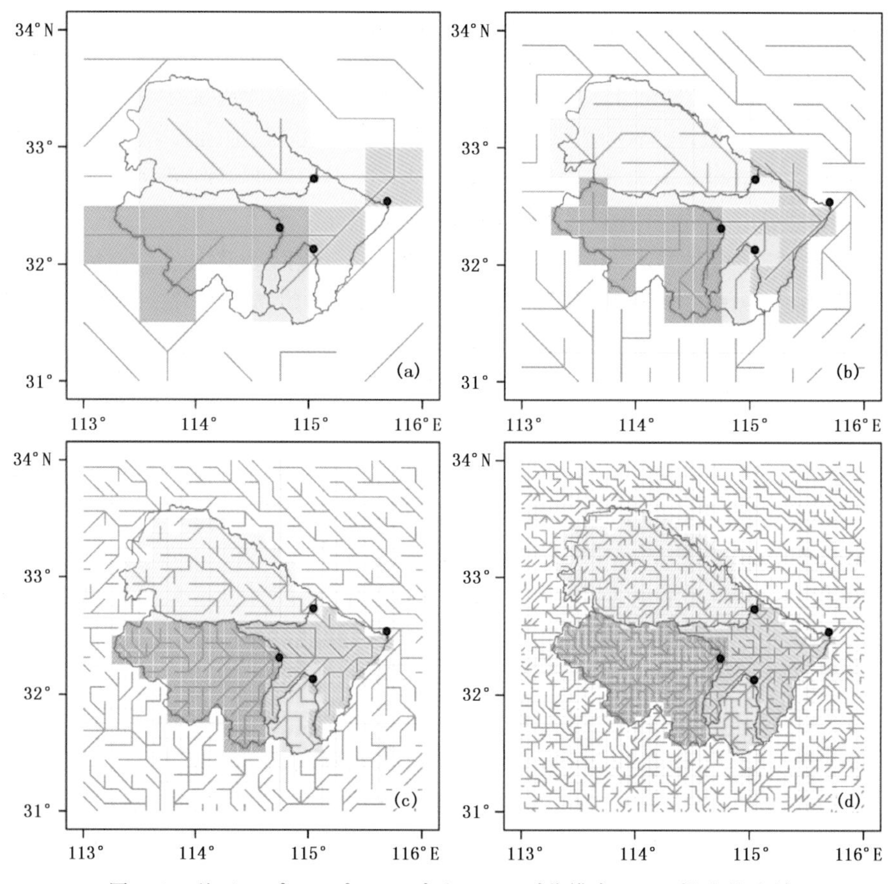

图 4.8 基于 0.5°、0.25°、0.125° 和 0.0625°分辨率 DEM 提取的流域

表 4.1 不同分辨率的汇水面积及相对误差

流域	汇水面积（$\times10^4$ km^2）				相对误差（%）			
	0.5°	0.25°	0.125°	0.0625°	0.5°	0.25°	0.125°	0.0625°
息县	0.86	0.98	1.01	1.02	−15.69	−3.78	−0.77	0.47
潢川	0.23	0.19	0.20	0.21	11.19	−8.89	−4.04	0.30
班台	1.38	1.31	1.07	1.11	22.06	15.99	−5.70	−1.36
王家坝	2.78	2.97	2.96	2.98	−9.35	−3.24	−3.43	−2.80

以中央气象台 2016 年 6 月 22 日 08 时起报的 48 小时 5 km 格点化降水预报产品为基础，结合上述四种分辨率得到的流域边界，制作的面雨量预报结果如表 4.2 所示。从预报结果来看，不同分辨率的 DEM 提取的流域边界对流域面雨量预报结果存在一定程度的影响。

表 4.2 基于不同分辨率得到流域面雨量计算及相对误差

流域	面雨量计算（mm）				相对误差（%）			
	0.5°	0.25°	0.125°	0.0625°	0.5°	0.25°	0.125°	0.0625°
息县	56.72	56.81	59.82	58.93	−3.98	−3.83	1.27	0.24
潢川	51.37	51.81	59.82	58.93	−2.39	−1.41	−1.08	0.38
班台	67.26	66.41	64.81	65.23	2.25	0.96	−1.48	0.84
王家坝	59.38	59.13	59.55	59.70	−0.54	−0.95	−0.24	0.40

4.2.4　不同分辨率地理信息在流域径流模拟与预报中的应用分析

水文气象学涉及水文学、气象学等多个学科，同时也是地球科学的一个分支学科，也同样存在非线性现象，水文气象过程同样存在空间、时间尺度层次性。关于水文学中的尺度层次性，Klemes(1983)，Bloschl 等(1995)及任立良等(1996)已有研究，国际水文界第四届水文尺度问题研讨会上 Bloschl 等(1997)认为尺度问题处于水文学研究的核心地位，无论是流域水文模型、降雨和蒸散发的面均估计、遥感资料的解译、全球气候模式中陆面参数化，还是无资料地区洪水预测，都会遇到此类问题。陆面水文过程的描述可以按尺度层次区分为水动力学尺度、山坡尺度和流域尺度。在土块、土柱或水槽实验中建立的水动力学理论，主要适用于微观尺度单一水体的现象；对完整的山坡水文过程，地形特征起着重要的作用，使山坡的总响应不同于单个土块响应的叠加，流域层次也是如此，用水动力学方程积分来寻求控制流域水文的物理规律，并不一定成功，而直接在流域尺度上观察，寻找规律，进行模拟，有可能相当简单清晰。自然界中事物的尺度不是任意的，自然现象的规律性存在于有限个相差较大的离散的尺度层次上，广义的尺度科学问题就是识别这种层次，找出每个层次上主导的物理定律。

这里主要针对不同 DEM 分辨率对水文径流模拟的影响，使用的水文模型为分布式新安江水文模型。用于分析的 DEM 分辨率包括 3″、9″、18″、27″与 30″五种，其中 9″、18″、27″三种分辨率的 DEM 数据由 DWTES 系统根据 3″ DEM 数据转换得到。通过对五种分辨率的 DEM 数字化后发现，所提取的屯溪流域面积相对误差不大，若以 3″ DEM 提取的流域面积 2692.7 km^2 为准，则 9″、18″、27″与 30″ DEM 所提取的流域面积与其相对误差分别为 0.19%、−0.55%、0.16%和 0.49%。图 4.9 为上述五种分辨率 DEM 生成的流域边界及水系，生成水系时所选取的阈值均为 100。

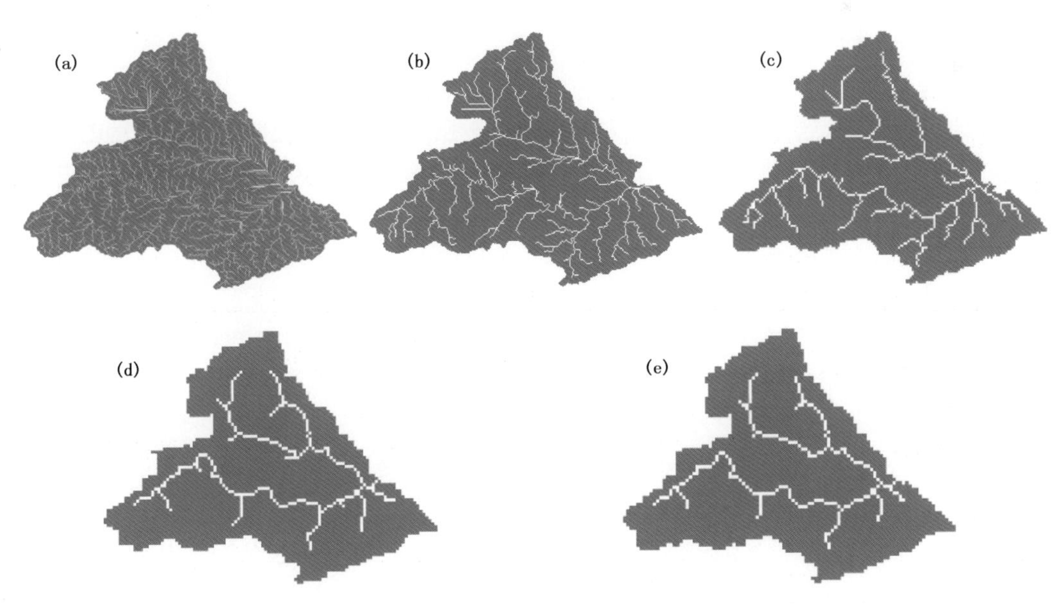

图 4.9　不同分辨率 DEM 生成的屯溪流域边界及水系

(a)3″；(b)9″；(c)18″；(d)27″；(e)30″

由于采用 MK 汇流方法的分布式新安江水文模型在模拟精度方面略逊于采用扩散波汇流方法的分布式新安江水文模型，因此本节以 MK 方法为例，分析 DEM 分辨率的改变是否有助于提高模型的模拟精度。鉴于屯溪流域洪水场次较多，本节只摘录了其中的 20 次洪水过程。在选择洪水场次前，先根据《水文情报预报规范》(SL250—2000)的标准对每一场洪水的 MK 方法模拟精度进行分级。假设径流深与洪峰相对误差、峰现时差以及确定性系数四个评价标准的最高级数总和为 10，则每个单项特征值的最高级数即为 2.5，具体的分级标准为

当 $|\Delta R|$ 超过 20%时，其级数 $G_R = 0$，否则 $G_R = 2.5 \times \left(1 - \frac{|\Delta R|}{20\%}\right)$

当 $|\Delta Q_{\text{peak}}|$ 超过 20%时，其级数 $G_Q = 0$，否则 $G_Q = 2.5 \times \left(1 - \frac{|\Delta Q_{\text{peak}}|}{20\%}\right)$

当 $|\Delta T_{\text{peak}}|$ 超过 3 h 时，其级数 $G_T = 0$，否则 $G_T = 2.5 \times \left(1 - \frac{|\Delta T_{\text{peak}}|}{4}\right)$

当 DC 低于 0.50 时，其级数 $G_{DC} = 0$，否则 $G_{DC} = 2.5 \times DC$

由此可以得到每一场洪水模拟精度的总级数 $G_M = G_R + G_Q + G_T + G_{DC}$，本节所摘录的 20 场洪水分别选择 G_M 较高与较低的洪水过程各 10 场。

在进行分析研究时，本节先以率定过的 30″ DEM 对应的 Grid-Xinanjiang 模型参数为准，在不改变模型参数的情况下对其他几个不同分辨率 DEM 进行了应用，其结果表明峰现时间较为推后，尤其对于 3″与 9″ DEM 的应用结果而言，推后现象明显。分析其主要原因，是由于汇流参数 k_e 取值未作改变所造成的。参数 k_e 反映了不同水源在栅格单元上的汇流时间，随着 DEM 分辨率的提高，栅格单元尺度减小，相应的汇流时间应有所减小，应当对 k_e 作一定的调整。本节对参数 k_e 取值的调整办法是以率定过的 30″ DEM 对应的 k_e 为准，当分辨率改变时，$k_e' \approx k_e/$ DEM 分辨率变化的倍数，其余模型参数值不作改变。由此所获得的不同 DEM 分辨率对应的模型应用结果见表 4.3。由该表的统计结果可以看出，在只改变汇流参数的情况下，应用不同分辨率 DEM 的 Grid-Xinanjiang 模型对于屯溪流域次洪模拟的精度影响不大。对于径流深相对误差而言，30″ DEM 的合格率为 70%，其余四种分辨率下的合格率均为 75%；对于洪峰相对误差而言，30″ DEM 的合格率最高，为 85%，而其余四种分辨率对应的洪峰合格率均为 75%；对于峰现时差而言，3″、9″与 30″ DEM 对应的合格率均为 80%，18″与 27″ DEM 对应的合格率均为 75%；对于确定性系数而言，DEM 分辨率高时对应的确定性系数相对也高一些。对于所有 20 场洪水，五种分辨率 DEM 数据 3″、9″、18″、27″与 30″对应的 G_M 均值分别为 5.69、5.71、5.76、5.72 与 5.71，结果较为接近。

Grid-Xinanjiang 模型在采用不同分辨率 DEM 时通过调整汇流参数可以取得相近的结果，这说明了 DEM 分辨率的变化对模型产流参数的影响较小。模型在进行栅格单元产流计算时，参数可以通过每个栅格单元对应的植被类型与土壤类型进行提取，在分析不同分辨率 DEM 对模型影响时，所用的流域土壤及植被类型数据并没有改变，因此提取的参数值变化不大。以张力水蓄水容量 W_M 与自由水蓄水容量 S_M 两个参数为例，图 4.10 和图 4.11 为不同分辨率 DEM 对应的蓄水容量分布曲线。该曲线是通过计算栅格单元对应的 W_M 与 S_M 后统计出的两者在流域上总的分布情况。

图 4.10 和图 4.11 表明不同分辨率 DEM 对应的张力水和自由水蓄水容量曲线相似度较高，总体趋势基本一致，这也说明了栅格尺度变化对两个参数的影响较小，参数提取方法的物理机制较强。

表 4.3　不同 DEM 分辨率下分布式新安江模型应用情况比较

洪号	ΔR(%)					ΔQ_{peak}(%)					ΔT_{peak}(%)					DC				
	3″	9″	18″	27″	30″	3″	9″	18″	27″	30″	3″	9″	18″	27″	30″	3″	9″	18″	27″	30″
820619	5.0	5.0	4.7	3.9	10.0	−6.6	−6.4	−6.7	−7.3	1.4	−3	−2	−2	−2	−1	0.96	0.96	0.96	0.96	0.94
840901	25.5	25.0	24.7	24.0	25.7	5.8	7.9	8.9	8.4	8.9	−5	−7	−7	−7	−7	0.82	0.82	0.81	0.81	0.80
890615	−14.3	−14.5	−14.2	−14.5	−9.5	−6.8	−4.6	−3.3	−3.6	−1.2	−1	−1	−1	−1	−1	0.96	0.96	0.96	0.96	0.96
900614	0.4	−0.1	−0.4	−0.8	7.8	−2.0	0.5	1.9	1.6	6.8	−2	−3	−4	−4	−1	0.97	0.97	0.97	0.97	0.96
910518	−33.3	−33.3	−32.1	−32.5	−23.0	2.4	6.2	8.6	8.2	15.5	2	2	1	1	3	0.78	0.78	0.79	0.79	0.81
930612	−21.5	−29.5	−28.6	−28.9	−22.9	−21.4	−22.3	−21.0	−21.7	−18.8	−5	−6	−6	−6	−6	0.87	0.80	0.80	0.79	0.82
930629	−7.2	−7.7	−7.8	−8.1	−6.1	−7.1	−4.6	−3.7	−3.8	−3.5	−1	−1	−1	−1	−1	0.95	0.96	0.96	0.96	0.96
940608	−17.2	−17.3	−16.9	−17.9	−13.8	−11.4	−10.3	−9.8	−10.3	−10.0	0	0	0	0	0	0.93	0.93	0.94	0.93	0.94
950518	−19.3	−19.5	−19.2	−19.9	−11.3	−23.4	−22.9	−23.4	−24.7	−15.2	1	1	1	1	2	0.86	0.86	0.87	0.87	0.90
950619	−18.6	−19.0	−18.6	−19.3	−8.9	−28.8	−28.9	−28.3	−28.3	−16.5	22	22	22	23	25	0.78	0.77	0.78	0.78	0.79
960623	−8.9	−9.2	−8.5	−9.5	−7.2	−5.8	−5.0	−3.8	−4.7	−4.4	−1	−1	−1	−1	−1	0.96	0.96	0.95	0.95	0.95
960629	2.0	1.8	2.0	1.2	5.1	−25.0	−23.4	−22.6	−22.7	−22.9	−3	−2	−2	−2	−3	0.95	0.95	0.95	0.95	0.95
970704	−7.1	−7.4	−6.9	−7.6	−0.3	−7.9	−5.6	−4.6	−4.8	−4.3	3	3	3	3	3	0.94	0.94	0.94	0.94	0.92
980511	−20.4	−26.6	−27.0	−27.6	−19.5	−11.3	−11.8	−10.9	−11.8	2.8	−1	−1	−1	−1	0	0.92	0.88	0.87	0.87	0.91
980612	−24.0	−24.6	−24.7	−25.1	−20.7	−28.1	−28.5	−28.6	−29.4	−28.1	7	7	7	7	7	0.86	0.86	0.87	0.86	0.86
990824	3.5	3.2	3.7	2.9	9.2	0.6	2.8	4.3	4.1	6.8	−1	−1	−1	−1	0	0.95	0.96	0.95	0.95	0.94
010504	12.8	12.4	12.5	12.1	20.6	4.9	9.1	13.1	13.3	22.2	−1	0	0	0	1	0.92	0.93	0.92	0.93	0.84
020513	−3.2	−3.6	−3.2	−4.1	2.7	−4.8	−4.7	−3.0	−3.8	7.0	−3	−3	−3	−3	−1	0.93	0.93	0.91	0.92	0.94
020627	6.9	6.6	6.1	5.5	28.2	−6.4	−4.2	−2.1	−2.1	12.4	−1	2	0	0	1	0.95	0.95	0.96	0.96	0.64
030623	−19.4	−19.4	−18.8	−19.5	−14.0	−18.2	−16.4	−15.7	−16.5	−15.5	−1	−1	−2	−2	−2	0.89	0.89	0.89	0.88	0.90
均值	3.5	14.3	14.0	14.2	13.3	11.4	11.3	11.2	11.6	11.2	3.2	3.3	3.3	3.3	3.3	0.91	0.90	0.90	0.90	0.89

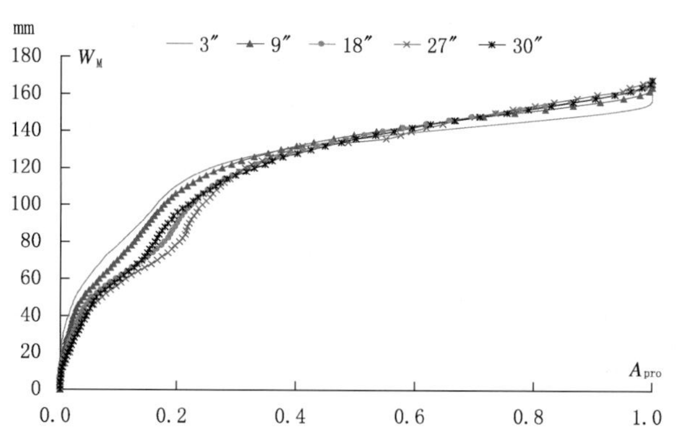

图 4.10　不同分辨率 DEM 对应的张力水蓄水容量曲线

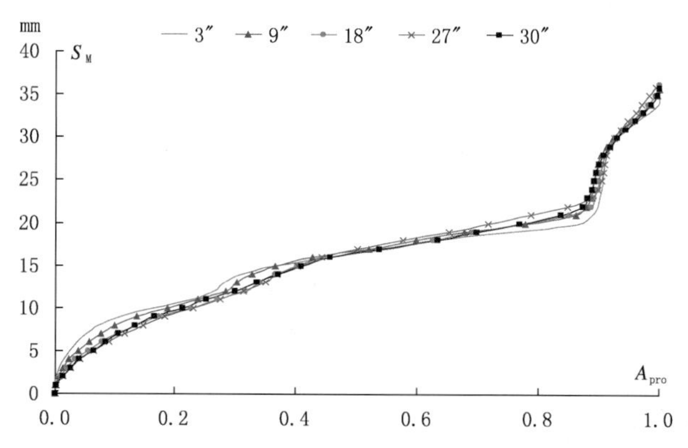

图 4.11　不同分辨率 DEM 对应的自由水蓄水容量曲线

4.3　地理信息系统主要插值算法分析——以自动站小时累加降水量产品为例

我国是世界上自然灾害最严重的国家之一，灾害种类多，频率高，造成巨大的经济损失和人员伤亡(郑国光，2013)，部分自然灾害(如地震、海啸、泥石流等)具有突发性强、灾区范围集中、破坏性大、衍生次生灾害影响严重等特点。突发自然灾害发生时，如何快速分析区域范围内的自动站实况观测数据和预报数据，结合精细化地理信息数据快速定位灾害区域范围，制作图文并茂、信息量丰富的决策服务材料，为政府提供决策气象服务支持，成为各级气象部门的工作重点之一。常规的气象服务产品一般通过桌面系统进行交互式制作，如国家气象中心开发的气象服务信息系统(MESIS，Meteorological Information System)实现了气象数据的交互式分析及图形产品制作能力(吕终亮等，2012)，张振涛等(2014)研发的公共气象服务产品制作系统实现了天气事件快速响应及服务产品的快速生成，胡争光等(2014)基于气象 GIS 网络平台实现了海量气象数据的网络高效发布和快速渲染绘制，邹树峰等(2001)开发的山东决策气象服务系统实现了预报产品再加工、气象分析产品再加工能力，黄阁等(2008)开发的辽宁省决策气象服务平台实现了重要天气及重点服务内容提示、服务产品模板管理、产品发布的功能。但是，上述平台或系统在突发性区域自然灾害的气象应急服务业务中存在一定的局限性，主要表现为以下三点：第一，区域气象观测要素尤其是降水实况插值算法不完善，易造成插值结果与实况量值不相匹配，影响插值产品的准确性和美观度；第二，需要通过多个相关联操作完成一次产品制作过程，耗用时间长，在气象应急期间，不能够满足制作效率高、人工干预少、定时产品制作的需求；第三，系统功能扩展性不足，不能完全满足应急状态下功能的快速开发和系统集成需求。

本书从快速分析制作区域决策气象服务产品的应急业务需求出发，以区域小时累加降水决策服务产品制作为例，提出了改进的反距离权重法(Inverse Distance Weighting，IDW)，实现零值自动站插补；以 ArcGIS 软件为基础制作平台，利用 ModelBulider 构建区域自动站观测资料整合与分析、气象服务产品制作模型，实现指定地理区划范围内的逐小时累计降水实况色斑图产品的制作，基于 MSPGS 完成产品制作的后台批量、自动化运行。最后，以“8 · 3 云南鲁甸地震”决策气象服务作为应用个例对技术进行了业务检验。

4.3.1　零值自动站插补的实况降水插值方法

4.3.1.1　*方法*

张红杰等(2009)研发了 MCressman 算法，该算法优化了全国范围内的降水插值准确性，邬伦等(2010)研究认为，IDW 算法适用于降水量较小的时段和区域。为了解决前面提到的第一个局限性，这里采用 IDW 算法对小时累加降水量值较小的情况进行讨论。由于降水具有间断性和空间不连续性的特点，而且小时降水量零值较多，为了提高降水数据检索效率，降低存储空间占用，通用的存储方式仅记录有降水信息的站点。通过累加转换的气象站点可能少于区域内的所有气象站点，其差值可认为是该时间段内无降水的站点。

本书在 IDW 算法基础上，研发了改进的实况降水插值技术，称为零值自动站插补算法。该算法的基本思路为：建立区域范围内所有气象站点(包括国家站、区域自动站)的空间位置信息(站号、经度、纬度)配置表，根据台站号，该表与逐小时累加降水非零值台站进行属性关联匹配，未匹配台站视为该时间段内无降水台站，并将该部分台站降水量赋值为 0，从而实现了区域内所有台站均参与区域内的插值。算法的基本流程如图 4.12 所示。

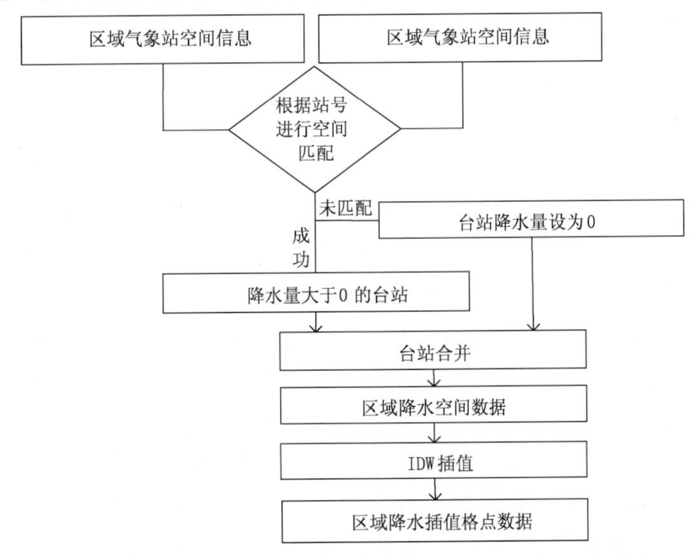

图 4.12　零值自动站插补算法流程图

4.3.1.2　方法检验

选取云南鲁甸地区自动站3小时累计降水(2014年8月3日06—09时)为例对插值算法进行检验,自动站空间位置关系如图4.13所示,其中$S_1 \sim S_4$为非零值降水自动站,S_5为检验站(量值0.414),并认为其量值为中心格点的理想值,$AS_1 \sim AS_3$为插补后的零值自动站,根据IDW公式:$Z = [\sum_{i=0}^{n} z_i/d_i^2] \div [\sum_{i=0}^{n} 1/d_i^2]$计算可得,未补站与补站后的中心格点值分别为1.113与0.442,与S_5量值的差值分别为0.699和0.028。检验表明,插补零值自动站可以有效提高小时累加雨量的插值准确性。

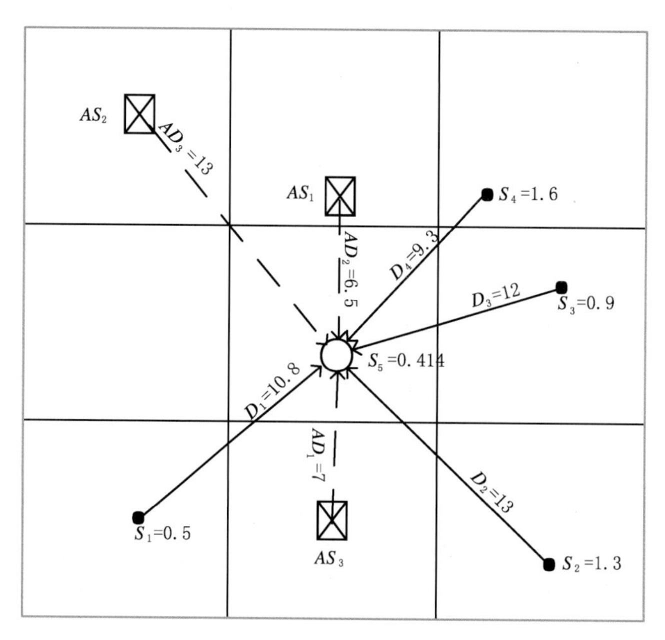

图4.13　自动站空间位置关系示意图

4.3.2　基于ArcGIS Model Builder模型构建技术

为了解决前面提到的第二个和第三个局限性,这里提出基于ArcGIS Model Builder建立模型化的功能快速扩展框架。

ArcGIS Model Builder是美国环境系统研究所公司(Environmental Systems Research Institute,ESRI)研发的数据建模工具,内嵌于ArcToolBox中,为设计和实现各种数据处理提供可视化的建模环境。模型由组件(数据处理及分析算法)和数据组成,以流程图的形式表示,组件可设置输入输出条件完成相应的地学处理。同时,Model Builder可以将分析工具和数据通过流程化结合在一起,支持重新运行和共享。ArcToolBox提供了包括数据管理、数据转换、空间分析等七大类基本的地学处理工具。同时Model Builder支持二次开发,基于ArcObjects二次开发语言能够结合气象业务需求开发相应的组件,组件通过注册就可以使用(Pei Liang et al.,2011)。本书主要研发了逐小时降水量累加组件、站点插值组件和图形产品输出组件。以逐小时累加降水图形产品制作模型为例,模型构建如图4.14所示。

(1)逐小时降水量累加组件:采用国家气象中心基础数据库中的小时观测数据,实现任意

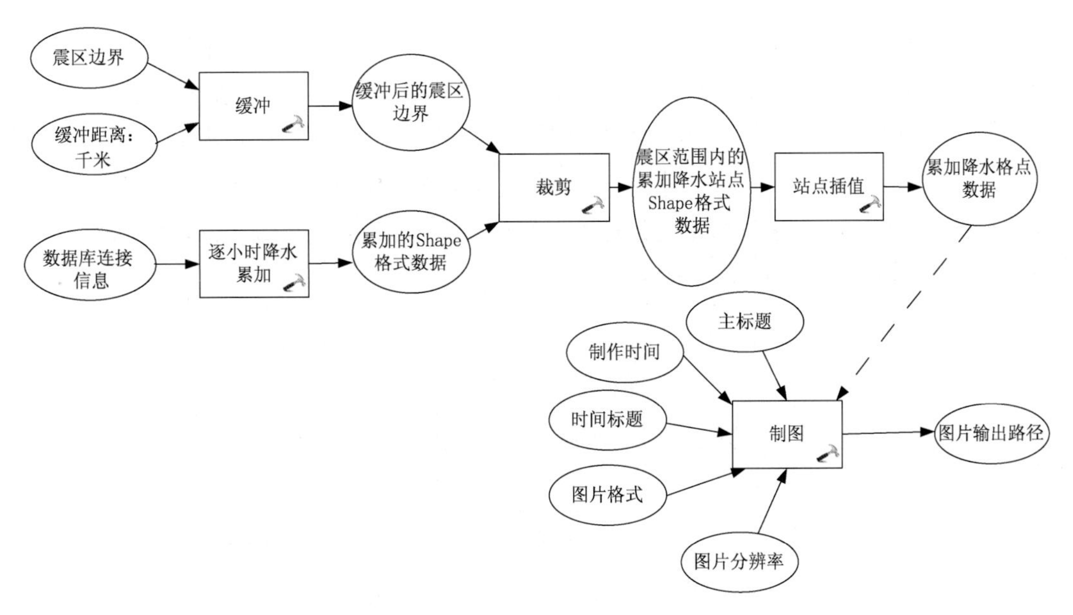

图 4.14　逐小时累加降水图形产品制作模型

时间段自动站和国家站逐小时降水累加，并基于 WGS 1984 空间坐标系转换为点类型的空间数据。

(2)缓冲区分析组件：缓冲区分析(Buffer Analysis)是邻近度分析的一种，缓冲区是为了识别某一地理实体或空间物体对其周围地物的影响度而在其周围建立具有一定宽度的带状区域(孙新轩等，2014)。降水存在空间不连续性，为了能够提升插值效率和突出区域范围内降水强度分布，需要将区域边界做一定距离的缓冲，在缓冲范围内的气象站点均参与插值，以保证边界范围内的降水插值的准确性。

(3)裁剪组件：根据缓冲后的区域边界，对经转换的降水空间数据进行裁剪，仅保留缓冲区范围内的气象站点。

(4)站点插值组件：采用这里提出的零值自动站插补的实况降水插值方法，实现区域内降水数据插值。

(5)输出图片组件：该组件主要完成各种图形整饰信息，如制图图例、标题文字、注释性文字、经纬网、边框等附加信息的自动添加以及制图页面大小调整，支持分析结果以 GIF、JPG、BMP、EMF 等图片格式输出。

4.3.3　应用案例

本书以“8 · 3 云南鲁甸地震”决策气象服务为例，采用以上关键技术，实现震区牛栏江流域自动站逐小时累加降水产品制作模型，该模型支持任意时间段的降水累加数据分析及图形产品制作。将该模型集成到国家气象中心已研发成功的气象服务产品后台制作系统(Manufacture System for Meteorological Service Product，MSPGS)(唐卫等，2009)中进行自动化运行和图形输出。模型运行后图形效果如图 4.15 所示。

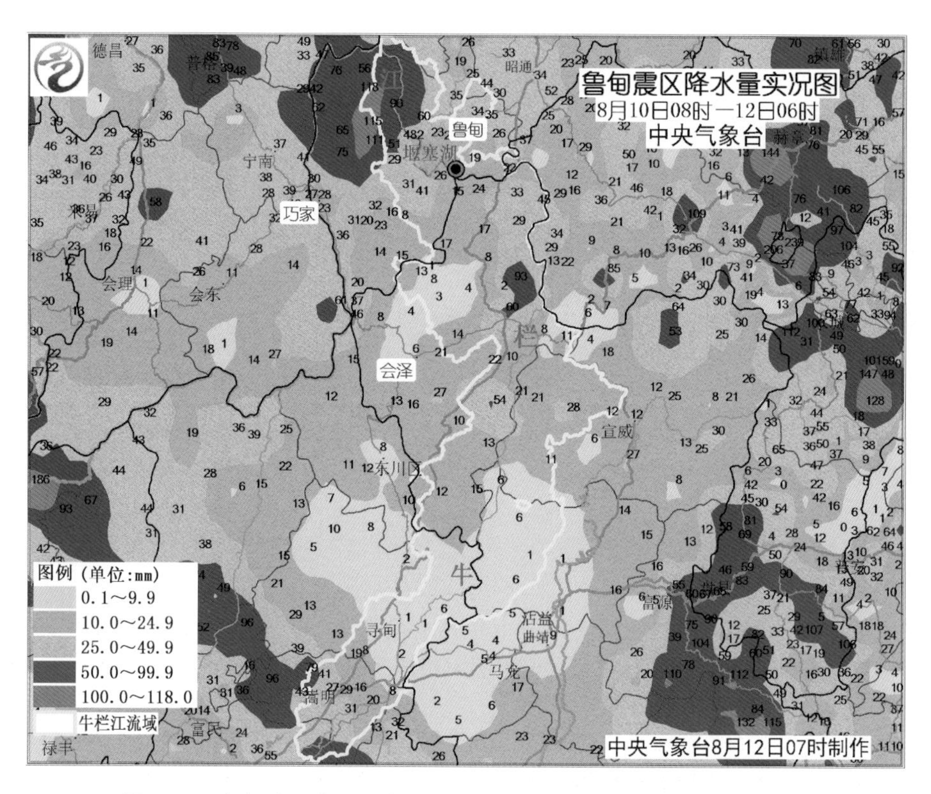

图 4.15　鲁甸震区降雨量实况图(8 月 10 日 08 时—8 月 12 日 06 时)

4.3.4　结论与讨论

本书提出的零值自动站插补的实况降水插值方法经检验，能有效提升降水实况插值的准确性和美观度；同时，该方法与其他的通用插值算法相结合，如样条曲线法、克里金法等，也能提升降水实况插值的整体效果。

本书提出的通过开发气象专用组件，并利用 ModelBuilder 可视化建模工具实现相关功能组件组合的技术，能够完成气象信息处理分析和产品制作，并实现快速扩展平台功能，适应气象应急业务的临时功能需求。云南鲁甸震区气象服务业务检验证明，该技术是可靠的，既减轻了预报员和决策气象服务人员的主观分析时间，又极大地提高了产品制作效率、精确度和美观度，能够实时为各级政府部门提供震区决策气象服务产品。

零值自动站插补降水插值算法仍可进一步优化，如区域降水极值周边站点降水量值的梯度性降低，造成该极值站点附近的插值格点值被弱化。若能提前对站点量值进行提前分级，并制定站点周边量值控制方法，确保分级断点值的格点能够与气象站点量值相等，则会进一步提升插值准确性。

参 考 文 献

岑国平,沈晋,范荣生,1996.城市暴雨径流计算模型的建立和检验[J].西安理工大学学报,(3):184-191.

陈佩燕,杨玉华,雷小途,等,2009.我国台风灾害成因分析及灾情预估[J].自然灾害学报,18(1):64-73.

陈仕鸿,隋广军,唐丹玲,2012.一种台风灾害评估模型及应用[J].灾害学,27(2):87-91.

陈仕鸿,隋广军,阳爱民,2010.广东台风灾情预测系统研究[J].自然灾害学报,25(2):64-67.

陈舜华,吕纯濂,李吉顺,1994.福建台风灾害评估试验[J].中国减灾,4(3):31-34.

陈香,2008.2005年福建省台风灾害时空格局与危险性评价[J].台湾海峡,27(2):250-255.

陈香,2007.沿海地区台风灾害系统脆弱性过程诊断与评估——以福建省为例[J].灾害学,22(3):6-10.

陈艳秋,袁子鹏,盛永,等,2006.基于概率分析的暴雨事件快速评估模型[J].气象与环境学报,22(5):62-65.

仇学艳,王超,秦崇仁,2001.阈值法在河海工程设计中的应用[J].水利学报,(8):32-37.

丁一汇,2015.论河南"75·8"特大暴雨的研究:回顾与评述[J].气象学报,73(3):411-424.

杜志强,顾捷晔,2016.灾害链领域本体构建方法——以暴雨洪涝灾害链为例[J].地理信息世界,23(4):7-13.

端义宏,朱建荣,秦曾灏,等,2005.一个高分辨率的长江口台风风暴潮数值预报模式及其应用[J].海洋学报,27(3):11-19.

樊琦,梁必琪,2000.热带气旋灾情的预测及评估[J].地理学报,55(增刊):52-56.

樊运晓,罗云,陈庆寿,2001.区域承灾体脆弱性综合评价指标权重的确定[J].灾害学,16(1):85-87.

冯利华,2002.风暴潮等级和灾情的定量表示法[J].海洋科学,26(1):40-42.

傅立,1992.灰色系统理论及其应用[M].北京:科学技术出版社:191-199.

葛全胜,邹铭,郑景云,2008.中国自然灾害风险综合评价初步研究[M].北京:科学出版社.

耿艳芬,2006.城市雨洪的水动力学耦合模型研究[D].大连:大连理工大学:40-50.

宫清华,黄广庆,郭敏,等,2009.基于GIS技术的广东省洪涝灾害风险区划[J].自然灾害学报,18(1):58-63.

顾明,赵明伟,全涌,2009.结构台风灾害风险评估研究进展[J].同济大学学报(自然科学版),37(5):569-574.

郭增建,秦保燕,1987.灾害物理学简论[J].灾害学,(2):26-33.

胡争光,郑卫江,高嵩,等,2014.气象GIS网络平台关键技术研究与实现[J].应用气象学报,25(3):365-374.

扈海波,轩春怡,诸立尚,2013.北京地区城市暴雨积涝灾害风险预评估[J].应用气象学报,23(1):99-108.

扈海波,董鹏捷,潘进军,2011.基于灾损评估的北京地区冰雹灾害风险区划[J].应用气象学报,22(5):612-619.

扈海波,王迎春,2007a.基于数学形态学方法的统计数值空间离散化图谱生成[J].计算机工程,33(21):9-11.

扈海波,王迎春,刘伟东,2007b.气象灾害事件的数学形态学特征及空间表现[J].应用气象学报,18(6):802-809.

扈海波,熊亚军,董鹏捷,等,2009.北京奥运期间(6—9月)气象灾害风险评估[M].北京:气象出版社.

扈海波,熊亚军,张姝丽,2010.基于城市交通脆弱性核算的大雾灾害风险评估[J].应用气象学报,21(6):732-738.

黄崇福,2005.自然灾害风险评价理论与实践[M].北京:科学出版社.

黄阁,韩秀君,盛永,等,2008.辽宁省决策气象服务平台的实现与应用[J].气象与环境学报,24(6):53-57.

黄惠,温家洪,司瑞洁,等,2008.自然灾害风险评估国际计划述评Ⅰ——指标体系[J].灾害学,(2):112-116.

黄嘉佑,2010.气象统计分析与预报方法[M].北京:气象出版社.

黄世成,周嘉陵,程婷,等,2009.工程区台风大风灾害评估方法的研究与应用——以苏通大桥为例[J].防灾减灾工程学报，29(3)：329-335.
蒋卫国，2008. 区域洪水灾害风险评估体系(I)——原理与方法[J]. 自然灾害学报，17(6)：53-59.
解以扬，韩素芹，由立宏，等，2004. 天津市暴雨内涝灾害风险分析[J]. 气象科学，24(3)：342-349.
解以扬，李大鸣，李培彦，等，2005. 城市暴雨内涝数学模型的研究与应用[J]. 水科学进展，16(3)：384-390.
李春梅，刘锦銮，潘慰娟，等，2008. 暴雨综合影响指标及其在灾情评估中的应用[J]. 广东气象，30(4)：1-4.
李春梅，罗晓玲，刘锦銮，等，2006. 层次分析法在热带气旋灾害影响评估模式中的应用[J]. 热带气象学报，22(3)：223-228.
李江明，2009. 基于 SWMM 模型的城市暴雨内涝研究——以东莞市典型小区为例[D]. 中山：中山大学：2-3.
李阔，李国胜，2011. 风暴潮风险研究进展[J]. 自然灾害学报，20(6)：104-111.
梁必骐，樊琦，1999. 热带气旋灾害的模糊数学评价[J]. 热带气象学报，15(4)：305-311.
梁海燕，邹欣庆，2005. 海口湾沿岸风暴潮风险评估[J]. 海洋学报，27(5)：22-29.
梁海燕，邹欣庆，2004. 海口湾沿岸风暴潮漫滩风险计算[J]. 海洋通报，23(3)：20-26.
梁海燕，2007. 海南岛风暴潮灾害承灾体初步分析[J]. 海洋预报，24(1)：9-15.
林继生，罗金铃，1995. 登陆广东的热带气旋灾害评估和预测模式[J]. 自然灾害学报，4(1)：92-97.
刘少军，张京红，何政伟，等，2012. 改进的物元可拓模型在台风灾害预评估中的应用[J]. 自然灾害学报，21(2)：135-141.
刘少军，张京红，何政伟，等，2010. 基于 GIS 的台风灾害损失评估模型研究[J]. 灾害学，25(2)：64-67.
刘伟东，扈海波，程丛兰，等，2007. 灰色关联度方法在大风和暴雨灾害损失评估中的应用[J]. 气象科技，35(4)：563-566.
刘玉函，唐晓春，宋丽莉，2003. 广东台风灾情评估探讨[J]. 热带地理，23(2)：119-122.
娄伟平，陈海燕，郑峰，等，2009. 基于主成分神经网络的台风灾害经济损失评估[J]. 地理研究，(5)：1243-1254.
卢文芳，1995. 上海地区热带气旋灾情的评估和灾年预测[J]. 自然灾害学报，4(3)：40-45.
吕纯濂，陈舜华，1993. 气象灾害经济损失估算与预测的经济计量模式[J]. 南京气象学院学报，16(1)：67-72.
吕终亮，罗兵，吴焕萍，等，2012. MESIS 中气象信息检索及可视化制作产品平台的设计与实现[J]. 应用气象学报，23(5)：631-637.
马清云，李佳英，王秀荣，等，2008. 基于模糊综合评价法的登陆台风灾害影响评价模型[J]. 气象，34(5)：20-25.
孟菲，康建成，李卫江，等，2007. 50 年来上海市台风灾害分析及预评估[J]. 灾害学，22(4)：71-76.
莫建飞，陆甲，李艳兰，等，2010. 基于 GIS 的广西洪涝灾害孕灾环境敏感性评估[J]. 灾害学，25(4)：33-37.
牛海燕，刘敏，陆敏，等，2011a. 中国沿海地区台风灾害损失评估研究[J]. 灾害学，26(3)：61-64.
牛海燕，刘敏，陆敏，等，2011b. 中国沿海地区台风致灾因子危险性评估[J]. 华东师范大学学报(自然科学版)，(6)：20-25.
任立良，刘新仁，郝振纯，1996. 水文尺度若干问题研究述评[J]. 水科学进展，7(增刊)：87-99.
钱燕珍，何彩芬，杨元琴，等，2001. 热带气旋灾害指数的估算与应用方法[J]. 气象，27(1)：14-18.
任鲁川，1996. 灾害损失定量评估的模糊综合评判方法[J]. 灾害学，11(4)：5-10.
邵晓梅，刘劲松，许月卿，2001. 河北省旱涝指标的确定及其时空分布特征研究[J]. 自然灾害学报，10(4)：133-136.
石勇，许世远，石纯，等，2009. 沿海区域水灾脆弱性及风险的初步分析[J]. 地理科学，29(6)：853-857.
史军，肖风劲，穆海振，等，2013. 上海地区台风灾害损失评估[J]. 长江流域资源与环境，22(7)：952-956.
史培军，吕丽莉，等，2014. 灾害系统：灾害群、灾害链、灾害遭遇[J]. 自然灾害学报，23(6)：1-12.
史培军，2002. 三论灾害系统研究的理论与实践[J]. 自然灾害学报，11(3)：1-9.
史培军，1991. 灾害研究的理论与实践[J]. 南京大学学报，(11)：37-42.

史培军,1996.再论灾害研究的理论与实践[J].自然灾害学,5(4):6-17.
史培军,2008.制定国家综合减灾战略,提高巨灾风险防范能力[J].自然灾害学报,17(1):1-8.
宋丽莉,毛慧琴,黄浩辉,等,2005.登陆台风近地层湍流特征观测分析[J].气象学报,63(6):915-921.
孙伟,刘少军,田光辉,等,2008.海南岛台风灾害危险性评价研究[J].气象研究与应用,29(4):7-9.
孙新轩,吕蓬,李磊,2014.利用最小二乘法监测缓冲区海岸线变化研究[J].信息工程大学学报,15(1):12-16.
唐卫,吴焕萍,罗兵,等,2009.基于GIS的气象服务产品后台制作系统[J].计算机工程,35(17):232-234.
童亿勤,杨晓平,李加林,2007.宁波市水旱灾害孕灾环境因子分析[J].灾害学,22(3):32-35.
万君,周月华,王迎迎,等,2007.基于GIS的湖北省区域洪涝灾害风险评估方法研究[J].暴雨灾害,26(4):328-333.
王国安,2008.中国设计洪水研究回顾和最新进展[J].科技导报,26(21):85-89.
王慧民,叶金玉,林雅萍,等,2013.面向预警的台风灾害预评估指标体系探讨[J].亚热带资源与环境学报,8(1):25-32.
王劲峰,等,2006.空间分析[M].北京:科学出版社:55-59.
王静爱,施之海,刘珍,等,2006.中国自然灾害灾后响应能力评价与地域差异[J].自然灾害学报,15(6):23-27.
王静静,刘敏,等,2011.上海市各区县自然灾害脆弱性评价[J].人民长江,42(17):12-15.
王莉萍,王秀荣,王维国,2015.中国区域降水过程综合强度评估方法研究及应用[J].自然灾害学报,24(2):186-194.
王美双,2011.浙江省台风灾害分析与风险评估[D].南京:南京信息工程大学.
王喜年,陈祥福,1984.我国部分测站台风潮重现期的计算[J].海洋预报服务,1(1):18-25.
王秀荣,吕终亮,王莉萍,等,2016.一种简化的暴雨灾害风险及影响评估方法和应用研究——以京津冀"7·21"暴雨事件为例[J].气象,42(2):213-220.
王秀荣,王维国,马清云,2010.台风灾害综合等级评估模型及应用[J].气象,36(1):66-71.
王豫德,王世民,1997.上海市潮灾损失计算初估,见:灾害与灾害损失评估[M].北京:地震出版社.
魏章进,隋广军,唐丹玲,2012.台风灾情评估及方法综述[J].灾害学,27(4):107-113.
魏章进,唐丹玲,隋广军,2011.热带气旋登陆概率的Logistic模拟[J].数理统计与管理,31(3):523-535.
翁莉,马林,徐双凤,2015.城市暴雨灾害风险评估及防御对策研究——以江苏省南京市为例[J].灾害学,30(1):130-134.
邬伦,吴小娟,肖晨超,等,2010.五种常用降水量插值方法误差时空分布特征研究-以深圳市为例[J].地理与地理信息科学,26(3):19-24.
吴慧,陈德明,吴胜安,等,2009.灰色关联分析在热带气旋灾害等级评估中的应用[J].热带作物学报,30(2):244-248.
吴振玲,史得道,吕江津,等,2012.利用欧氏距离函数评估海河流域暴雨灾害[J].灾害学,27(3):48-53.
袭祝香,2008.吉林省重大暴雨过程评估方法研究[J].气象科技,36(1):78-81.
谢翠娜,2010.上海沿海地区台风风暴潮灾害情景模拟及风险评估[D].上海:华东师范大学.
谢金南,卓嘎,2000.台风活动对青藏高原东北侧干旱的影响[J].高原气象,19(2):244-252.
徐庆娟,刘合香,2012.基于灰色关联分析的区域热带气旋灾情评估[J].广西师范学院学报(自然科学版),29(1):45-50.
许飞琼,1996.灾害统计指标体系及其框架设计[J].灾害学,11(1):11-14.
许启望,谭树东,1998.风暴潮灾害经济损失评估方法研究[J].海洋通报,17(1):1-12.
叶小岭,施瑜,匡亮,2013.基于粒子群优化BP神经网络的台风灾损预测模型研究[J].灾害学,28(4):11-15.
尹道声,1994.利用"中国气象报"验证"雨量等级守恒"原理[J].新疆气象,(3):8-15.
尹占娥,许世元,殷杰,等,2010.基于小尺度的城市暴雨内涝灾害情景模拟与风险评估[J].地理学报,65(5):

553-562.
尹占娥,2009.城市自然灾害风险评估与实证研究[D].上海:华东师范大学.
尤凤春,扈海波,郭丽霞,2013.北京市暴雨积涝风险等级预警方法及应用[J].暴雨灾害,32(3):263-267.
于福江,张占海,2002.一个东海嵌套网格台风暴潮数值预报模式的研制与应用[J].海洋学报,24(4):23-33.
张广平,张晨晓,谢忠,2013.基于T-S模糊神经网络的模型在台风灾情预测中的应用——以海南为例[J].自然灾害学报,28(4):86-89.
张红杰,马清云,吴焕萍,等,2009.气象降水分布图制作中的插值算法研究[J].气象,35(11):131-136.
张继权,2007.主要气象灾害风险评价与管理的数量化方法及其应用[M].北京:气象出版社.
张丽佳,刘敏,陆敏,等,2010.中国东南沿海地区台风危险性评价[J].人民长江,41(6):81-83.
张学文,马力,1990.大气的能量谱和风速谱[J].新疆气象,13(1):4-10.
张永恒,范广洲,马清云,等,2009.浙江省台风灾害影响评估模型[J].应用气象学报,20(6):772-776.
张振国,温家洪,2015.城市社区暴雨内涝灾害风险评估[M].北京:民族出版社.
张振涛,张正文,陈宇,等,2014.基于天气事件的公共气象服务产品制作系统.应用气象学报,25(2):249-256.
赵阿兴,马宗晋,1993.自然灾害损失评估指标体系的研究[J].自然灾害学报,2(3):1-7.
赵飞,廖永丰,张妮娜,等,2011.登陆中国台风灾害损失预评估模型研究.灾害学,26(2):81-85.
郑大玮,李茂松,霍治国,2008.2008年南方低温冰雪灾害对农业的影响及对策[J].防灾科技学院学报,10(2):1-4.
郑国,薛建军,范广洲,等,2011.淮河上游暴雨事件评估模型[J].应用气象学报,22(6):753-759.
郑国光,2013.气象灾害如何防[J].求是,(5):47-48.
郑伟,刘闯,曹云刚,等,2007.基于Asar与TM图像的洪水淹没范围提取[J].测绘科学,32(5):180-181.
周亚飞,程霄楠,蔡靖,等,2013.台风灾害综合风险评价研究[J].风险管理,(1):31-37.
周瑶,王静爱,2012.自然灾害脆弱性曲线研究进展[J].地球科学进展,27(4):435-442.
朱静,2010.城市山洪灾害风险评价——以云南省文山县城为例[J].地理研究,29(4):655-664.
邹树峰,吴炜,薛德强,等,2010."山东决策气象服务系统"研究[J].山东气象,21(86):24-25.
Bloschl G,Sivapalan M,1997. Preface to the special section on scale problems in hydrology[J]. Water Resources Research,33(12):2865-2880.
Bloschl G,Sivapalan M,1995. Scale issues in hydrological modeling:a review[J]. Hydrolological process,9(3/4):6-28.
Bollin C,Hidajat R,2006. Community-based disaster risk index:pilot implementation in Indonesia[C]//Birkmann J. Measuring Vulnerability to Natural Hazards-Towards Disaster Resilient Societies. New York:UNU Press.
Burton I,Feenstra J F,Parry M L,et al,1998. UNEP Handbook on Methods for Climate Change Impact Assessment and Adaptation Studies, Version 2.1[M]. Amsterdam:United Nations Environment Programme and Institute for Environmental Studies,Vrije University.
Cardona O D,Hurtado J E,Chardon A C,et al,2005. Indicators of disaster risk and risk management summary report for WCDR[C]//Program for Latin America and the Caribbean IADB-UNC/IDEA. IDEA: 1-47.
Choi K S,Kim D W,Byun H R,2010. Statistical model for seasonal prediction of tropical cyclone frequency in the mid-latitudes of East Asia[J]. Theor Appl Climatol,102(1):105-114.
Coles S,2007. An Introduction to Statistical Modeling of Extreme Values[M]. Heidelberg:Springer.
DHI,2005. User Guide and Reference Manual of Mike21[M]. Denmark:DHI Water&Enviroment.
Dorland C,Tol R S J,Olsthoorn A A,et al,1999. Impacts of windstorms in the Netherlands:Present risk and prospects for climate change[C]//Chapter 10 in Downing,Climate,Change and Risk. Routledge,London,New York:245-278.

Emanuel, Kerry A, 1997. Some aspects of hurricane inner-core dynamics and energetics[J]. Journal of the Atmospheric Sciences, 54(8): 1014-1026.

George Abeyle D E, 1989. Race, ethnicity and the spatial dynamic: towards arealistic study of black crime, crime victimization and criminal justice processing of black[J] . Social Justice, 17(3): 153-166.

Granger K, 2003. Quantifying Storm Tide Risk in Cairns[J]. Natural Hazards, 30(2): 165-185.

Gunderson L H, Holling C S, 2002. Panarchy, Understanding Transformations in Human and Natural Systems [M]. Washington DC: Island Press.

Hamid S, Golam Kibria B M, Gulati S, et al, 2010. Predicting losses of residential structures in the state of Florida by the public hurricane loss evaluation model[J]. Statistical Methodology, 7(5): 552-573.

Holling C S, 2001. Understanding the complexity of economic, ecological, and social systems[J]. Ecosystems, (4): 390-405.

Huang Z, Rosowsky D V, Sparks P R, 2001. Long-term hurricane risk assessment and expected damage to residential structures[J]. Reliability Engineering and System Safety, 74: 239-249.

Jelesnianski C P, Chen J, Shaffer W A, 1992. SLOSH: Sea, Lake, and Overland Surges from Hurricanes[R]. In: NOAA Technical Report NWS 48, Silver Springs, US: United States Department of Commerce, NOAA, NWS.

Khanduri A C, Morrow G C, 2003. Vulnerability of buildings to windstorms and insurance loss estimation[J]. Journal of Wind Engineering and Industrial Aerodynamics, 91(4): 455-467.

Klawa M, Ulbrich U, 2003. A model for the estimation of storm losses and the identification of severe winter storms in Germany[J]. Natural Hazards and Earth System Sciences, 3: 725-732.

Kleinosky L R, Yarnal B, Fisher A, 2007. Vulnerability of Hampton Roads, Virginia to Storm Surge Flooding and Sea-Level Rise[J]. Natural Hazards, 40(1): 43-70.

Klemes V, 1983. Conceptualization and scale in hydrology[J]. Journal of Hydrology, 45: 1-23.

Lee K H, Rosowsky D V, 2005. Fragility Assessment for Roof Sheathing Failure in High Wind Regions[J]. Engineering Structures, 27(6): 857-868.

Maskrey A, 1989. Disaster Mitigation: A Community Based Approach[M]. Oxford: Oxfam.

Mitsuta Y, Fujii T, Nagashima I, 1996. A Predicting Method of Typhoon Wind Damages[C]//Probabilistic Mechanics and Structural Reliability: Proceedings of the 7th Specialty Conference: 970-973.

Okada N, Tatano H, Hagihara Y, et al, 2004. Integrated research on Methodological development of Urban Diagnosis for Disaster Risk and its Applications[J]. Annuals of Disas Prev Res Inst Kyoto Univ, 47(C): 1-8.

Pei Liang, Wan Shuhai, Jiang Binggong, et al, 2011. Simulation of the Surface Hydrology of Dalinghe Watershed Automatically Based on SRTM DEM[J]. Meteorological and Environmental Research, 2(10): 8-11, 19.

Penning-Rowsell E C, Chatterton J B, 1977. The Benefits of Flood Alleviation: A Manual of Assessment Techniques[M]. UK: Gower Technical Press.

Petak W J, Atkinson A A, 1993. 自然灾害风险评价与减灾政策[M]. 向立云，程晓陶，译. 北京：地震出版社.

Powell, M Soukup, G Cocke, et al, 2005. State of Florida hurricane loss projection model: Atmospheric science component[J]. Journal of wind engineering and industrial aerodynamics, 93(8): 651-674.

Quinn P, Beven K, Planchon O, 1991. The prediction of hillslope flow paths for distributed hydrological modeling using digital terrainmodels[J]. Hydrol Process, 5(1): 59-79.

Rao A D, Chittibabu P, Murty T S, et al, 2007. Vulnerability from Storm Surges and Cyclone Wind Fields on the Coast of Andhra Pradesh, India[J]. Natural Hazards, 41(3): 515-529.

Sugg A L, Hebert P J, 1969. The Atlantic hurricane season of 1968[J]. Monthly Weather Review, March.

Todd L W J, 2000. Distributions for storm surge extremes[J]. Ocean Engineering, 27: 1279-1293.

Twisdale V A,2000. Simulation of hurricane risk in the US using empirical track model[J]. Journal of structural engineering,10:1223-1237.

Unanwa C O,McDonald J R,Mehta K C,et al,2000. The development of wind damage bands for buildings[J]. J Wind Eng Ind Aerod,84(1):119-149.

United Nations,Department of Humanitarian Affairs,1991. Mitigating Natural Disasters:Phenomena,Effects and Options:A Manual for Policy Makers and Planners[M]. New York:United Nations.

Vermeiren J C,Watson Jr C C,1994. New Technology for Improved Storm Risk Assessment in the Caribbean [J]. Disaster Management,6(4):191.

Wilson A S,Chen T,1997. Storm Surge Modeling in the United States Part2:Surge form Extratropical Cyclones[M].

Wu H,Kimball J S,Mantua N,et al,2011. Automated upscaling of river networks for macroscale hydrological modeling [J]. Water Resources Research,47(3):W03517.

Wang Xina,Wang Xianwei,Zhai Jianqing,et al,2016. Improvement to flooding risk assessment of storm surges by residual interpolation in the coastal areas of Guangdong Province,China[J]. Quaternary International,453:1-14.

Yoshida M,1998. Evaluation of fatigue damage to a damper induced by a typhoon[J]. J Wind Eng Ind Aerod,74:955-965.